How the Way We Talk Can
Change the Way We Work

Seven Languages
for
Transformation

深度转变

让改变真正发生的 7 种语言

[美] 罗伯特·凯根（Robert Kegan）
丽莎·拉斯考·莱希（Lisa Laskow Lahey） 著
吴瑞林 彭雨晨 译

机械工业出版社
CHINA MACHINE PRESS

图书在版编目（CIP）数据

深度转变：让改变真正发生的 7 种语言 /（美）罗伯特·凯根（Robert Kegan），（美）丽莎·拉斯考·莱希（Lisa Laskow Lahey）著；吴瑞林，彭雨晨译 . —北京：机械工业出版社，2020.10（2024.4 重印）

书名原文：How the Way We Talk Can Change the Way We Work: Seven Languages for Transformation

ISBN 978-7-111-66584-7

I. 深… II. ①罗… ②丽… ③吴… ④彭… III. 语言艺术 IV. H019

中国版本图书馆 CIP 数据核字（2020）第 225363 号

北京市版权局著作权合同登记 图字：01-2020-1527 号。

深度转变：让改变真正发生的 7 种语言

出版发行：机械工业出版社（北京市西城区百万庄大街 22 号 邮政编码：100037）

责任编辑：彭 箫

责任校对：殷 虹

印　　刷：北京虎彩文化传播有限公司

版　　次：2024 年 4 月第 1 版第 3 次印刷

开　　本：147mm×210mm 1/32

印　　张：8.25

书　　号：ISBN 978-7-111-66584-7

定　　价：59.00 元

客服电话：（010）88361066　88379833　68326294

李松蔚

你总是可以见到更大的自由

我和《深度转变》这本书颇有缘分。在读研究生的时候，我偶然读到罗伯特·凯根（Robert Kegan）的《发展的自我》，已经对这位学者大为钦佩。等有了国外图书代购，我就顺藤摸瓜买到了他的其他几本书。至今记得其中一本奇书，书名就十分吸引我，叫作 *How the Way We Talk Can Change the Way We Work*，直译为"我们说话的方式会如何影响我们做事的方式"。读之令人拍案叫绝，每个字都敲击在我的心坎上。这本奇书的中文版，就是诸位手中的《深度转变》。

这不是一般意义上的心灵成长或励志书。罗伯特·凯根是发展心理学家，他用实证科学的逻辑，证实了一个重要论断，即人是毕生成长的。在他的理论体系里，"成长"是有规律可循的：对于从前被认为由主观决定的事物，我们能逐渐意识到这些事物独立于我们自身，不以主观意志为转移。这种认知层面的领悟，就是成长。

有人不理解：这只是认识了世界，跟个人成长有什么关系呢？

其实，认识世界的过程，就是建立"我与世界"关系的过程，也是一段放下执念、直面真实的心灵之旅。小时候，我们以为距离可以改变事物大小，看远处的房子像火柴盒，人一走近，房子就会变大。后来，我们知道改变的只是我们的知觉，与客观的事物无关。从此我们有了知觉恒常性，就不再执着于看到的表面皮相。成年人也会有类似的领悟，在更抽象复杂的观念层面上，认识到"我如我所是"。年轻的时候，我们相信"获得别人的认可越多，我就越有价值"；随着成长，我们建立起稳定的内在价值体系，看到自己的美德、尊严，不因别人的看法而增减，也就不再执着于一时毁誉。这让我们变得更勇敢，也更灵活。

这些话说起来简单，但有多少人听过类似的说教，却仍然从心底里认同"我的价值由别人的看法决定"呢？这正如无论身边的人怎么解释，小孩仍然看到"房子的大小由距离远近决定"。成长是无法取巧的，无法用讲道理的方式从一个人传递给另一个人，必须自己实践、体悟。越是成长到高级阶段，那些尚未参透的执着就越隐蔽，突破也更艰难。

甚至很多聪明且学识渊博的专业人士，也活在某种看不见的桎梏之中，因此他们会做出很多让自己理智上无法认同，甚至觉得不可理喻的行为。凯根将其比作改变的"免疫系统"，他们知道改变的方向，却因受制于观念而无法做出必要的行动：

理智上知道要创新，行动上却延续着过去的工作方向。

理智上知道工作任务迫在眉睫，行动上却一直拖延。

明知道跟合作伙伴的关系有问题，却不敢正面沟通。

明明对组织决策有更好的提议，却只能私下腹诽，从未形成具有建设性的提案。

一方面希望听到不同的声音，另一方面收到反对意见时又会火冒三丈。

一方面已经不堪重负，另一方面在面对新的工作任务时又难以拒绝。

......

在凯根看来，这都是因为我们活在观念的桎梏中，解决的唯一路径就是成长，打破那些深藏于头脑中的限制。本书就是凯根在这套理论基础上整理的一本方法论手册。他帮助我们从日常生活中的语言入手，通过 7 次句式转换，步步为营，渐次深入，直到最终发现自己在日常的思维和表述习惯背后，那些隐藏的、限制我们成长的"免疫系统"。发现这些限制，也就为进一步突破限制创造了条件。

虽然是抽象的思维训练，但这个过程中的每一步又以简单生动的语言展现，有技巧，有实例，便于操作。比如，凯根从生活中随处可见的"抱怨"入手，他认为"抱怨"是一种没有建设性的语言形式，单纯在发泄负面情绪，并不能带来改变，无法创造实际的价值。但他看到抱怨的背后，往往意味着一个人认同或追求某种价值。也就是说，我们抱怨某个事物"不好",代表着我们心中有一个更"好"的标准。怨声越大,我们对这种价值的渴求就越强烈。那么,我们就可以把抱怨的语言改写成一种承诺,我们承诺自己看重某种价值,并愿意为之行动。你看,简单的句式转换,负能量立刻就变成了正能量。

但是正能量并不是终点。你可能紧接着就会想:既然我们看重某种价值,那为什么没有采取行动实现它,却停留在抱怨上呢?貌似合理的解释是,因为我们遇到了某些困难,行动受阻。但是,请再深一步思考:那些困难难道是不可改变的吗?我们的思维又被什么限制住了呢?从这里开始,就进入了下一步的句式转换。就这样,凯根一次次地拿出新的句式,看似在教我们改变语言,其实都在质疑既定的思维模式。他像一位神奇的导游,带我们一步步深度自省,发现自己思想和行动之间的关联因哪些观念而被切断。成长意味着突破这些观念,让自己获得更大的自由。

本书可作为一本自助书。在阅读的过程中,你要拿一支笔,边读边写。书中每一步句式转换都配有表格,你可以很方便地把自己的案例写在表上,套用书中的方法,亲身感受这一转换过程的奇妙。阅读本书的过程就是一次由顶尖教练陪伴的自我发现之旅。也许你想学会这套方法,以帮助别人,亲身踏上这一旅途也对学习助人方法大有裨益。

我向很多朋友推荐过凯根的这套方法。他们的反应常常是:"听上去很好,但我暂时没有什么困惑,我应该不需要成长。"我问他们:"你在生活中偶尔会有抱怨吗?有没有哪些不尽如人意的地方？"他们总能说出个一二三来。我说："好，我们可以就从这里开始，按照凯根的方法试试看。"抱怨是改变的第一步，从这里出发，他们最终往往会发现让自己目瞪口呆的结论：尽管他们自以为已经足够了解自己了，但仍然有过去从没有看到的局限。

我想这也是凯根的理论最迷人的地方：人是可以终身成长的，并没有所谓的"终点"一说。过去有很多人问过我：人为什么需要一直成长？我的回答始终是，为了更大的自由。我想这也是凯根在书中想传达的。我们受着各种各样的限制，而最大的限制始终是我们的认知。我们甚至不知道限制的存在，直到某一刻我们看到了，才知道自己一直画地为牢——看到了，就走出来。每突破一点执念，我们都会多一分自由。你可能觉得自己已经获得足够多的自由了，慢慢来，或许这想法本身就是有待突破的"免疫系统"。

想到人生还有那么多不曾领略的自由，这一生才值得一过，不是吗？

纪念

小威廉·格雷夫斯·佩里

你真正想要的是什么

已故的威廉·佩里（William Perry）是哈佛大学备受欢迎的老师，也是我们亲爱的同事，他在培训治疗师、心理咨询师与咨询顾问方面极具天赋。他过去常说："每当有人来向我寻求帮助时，我都会非常认真地倾听，然后反问自己，这个人究竟想要的是什么，他为什么会做出一些与自己的目标背道而驰的事。"本书挖掘了一种长期以来都被忽视的无穷能量源泉，这可以帮助我们实现转变。

威廉曾略带调侃地建议，如果想要更深入地理解改变的预设，我们就必须密切关注自己对于改变的强烈抗拒。这种关注也许会帮助我们发现一个藏于体内的"免疫系统"，这一系统既美丽又充满力量。在这个"免疫系统"中，我们不断制造抗体来阻止改变的发生。如果能解锁这个"免疫系统"，我们就会释放出新的能量，从而以新的视角去观察世界，成为全新的自己。

作为发展心理学家，我们将成人学习理论引入了组织生活领域。我们的知名观点是，在青少年时期之后，人们才开启了真正的人生。与生理发展不同，人类的心理发展并没有在 20 岁左右止步不前。成年以后，我们仍在不断地成长与发展（并不仅仅体现在体重增加这一方面）。我们有机会接触来自各行各业的人（包括不同层级的教育专家、行政管理人员、经理人和专业管理顾问，以及内科医生、精神治疗师、法官和牧师），从而有机会去探索和了解他人内心最深处的目标与困惑。所以，来访者找我们进行咨询，是因为他们都知道，我们聚焦于帮助他们实现自我价值的深层、根本的变化，而不关注他们的症状能否立即得到缓解，也不着重于为他们提供行为策略上短期的解决方案。

出于对推动变革的职业兴趣，我们发现了一个既令人迷恋又值得尊重的人性特征，正是它"阻碍"了改变。根据我们的总结，"阻碍"一词的含义，很难用"抵抗""否认""恐惧""防御"或"人格的阴暗面"去理解。当然，以上提及的任何一种人们熟知的角度通常对改变都没什么帮助。考虑这一人性特征的时候，人们总喜欢说："我们怎么才能粉碎来自自我或他人的阻碍？我们怎么才能克服自己的防御性并减少内心的恐惧？"在本书中，通过一种新的学习技术（从本质上来说，就是一种"心理机制"（mental machine）），我们将引领你从一个新的角度，更加深刻地去认识这一人性特征。这些崭新的见解十分重要，将为个人和集体实现奇迹性的改变提供更为可靠的支持。

本书是为那些对自身变革性学习感兴趣，以及想要帮助他人进行变革性学习的人而准备的。在帮助众多职业人士的过程中，我们获得了大量实践经验。我们认为帮助他人进行变革性学习的行为是高效领导的必要因素。在当今这个不断变化的时代中，几乎所有领导者都会受到引领变革潮流的号召。

领导力的实际应用范围，比我们想象的更为广泛，其应用也更加频繁。机构或企业中的高级行政管理人员可能要管理上千人，他们需要临时或长期领导组织中的某个项目或团队。对于每一个承担领导责任的人来说，有些人曾经把拥有领导力视为自己的追求和计划，而现在则把它看作一种长期的自我认同的延伸；也有不计其数的人被迫成为领导，因为他们会想"好吧，总有人要去做领导"；还有人受到他们本身的兴趣、对上级的承诺、对团队的忠诚以及集体内部人际关系等因素的推动，坚定不移地继续行使着领导力。然而，我们渐渐发现，在扮演领导者角色的过程中，总有一系列情况令人沮丧：

- 领导者不可避免地要去尝试推动重大变革。
- 如果个体不发生改变，那么任何集体都很难发生重大变化。
- 如果个体没有从行为产生的根源上进行重大改变，那么要维持这一改变就十分困难。
- 如果个体不去反思自身必须做出的改变，那么就很难引领他人从真正意义上做出改变。

当然，人们并不能总是如此清晰、明确地意识到上述关于改变的准则。它们常常合在一起，引出一个结论：尽管人们已经尽了最大努力去引导变革，甚至很多人已经真诚地产生了自我改变的想法，但重大改变并未真的发生！

本书的目的就在于更透彻地解读这个令人沮丧的结论，从而让人们行动起来，最终取得真正的变革。为了帮助人们达成这一目标，本书将介绍一种个人学习的"新技术"。我们不会借用这个老生常谈的词来引出数字时代各种花里胡哨的操作（没有 PPT 讲稿，不会让镜头在屏幕左右来回拉近放大，从而制造引人入胜的悬念）。相反，我们要回溯到"technology"这个词的希腊语原义，"techne"意为"在制作或建造方面巧妙而技艺精湛的活动"。通过本书，我们想要帮助你创造出一些东西，它们也许可以促使你重新认识改变。这个新技术源于对自然中三种强大力量（熵（entropy）、负熵（negentropy）和动态平衡（dynamic equilibrium）进程）的认同。

讲到自然的力量时，最为广泛讨论和理解的就是物理学家所谓的熵。通过熵的进程，动态系统（如人、组织、汽车或是太阳系）逐渐分解失序。熵意味着一种无序性与随机性不断增加或能量持续耗散的运动。我们的身体、汽车、太阳系，当然还有我们的集体组织，都在逐渐磨损和衰败。我们可以将罗伯特·弗罗斯特（Robert Frost）写在《火与冰》（Fire and Ice）之中的句子解读为对熵的无意识颂歌，他困惑于地球到底会不会因其引力轨道的剧烈崩塌或因太阳本

身的毁灭而走向末日，困惑于这两种致命的熵的进程会不会
成真：

> 有人说世界将会终结于火，
> 有人说会葬送于冰……
> 我赞同终结于火的观点，
> 但如果我必须消亡两次……
> 我知道寒冰对于毁灭来说
> 也足够伟大，
> 且能够胜任。

尽管面对人类被烧焦或冻成冰块的未来，弗罗斯特的态
度看起来相当麻木，但如果在几百万年后，这其中任何一种
悲惨前景真的发生了，他的后人恐怕无法用像他一样镇定的
态度面对这一切。这让我们开始思考另外两种自然力量——
负熵与动态平衡，它们还未被深刻理解，却同样重要。

汽车和太阳系并不能自我改进，但人类可以。举例来说，
你可以想象到，在不知何时的未来，当人类在这个星球上最
终无法维持生命时，通过一代又一代的努力，后人可能会实
现走出地球的壮举。地球的轨道也许会消失，太阳这个巨大
的引擎或许会在某一天耗尽它的燃料。但在这个熵变过程中，
人们有潜力将自己构建成更高级的集合体，变得更有秩序，
将更多的能量灌注于个人的生活方式之中，从而找到解决问
题的最佳方案。

这正是熵的对立面，物理学家称之为负熵。你的躯体正在

损耗殆尽，但同时，自身的不断努力再加上一点好运气，也许会帮助你的精神"升华"。你的视力会弱化，年老后需要眼镜来矫正，但同时，你可以更加敏锐地洞察自身的处境与能力。这意味着你或许能够摆脱心理透镜带来的认知歪曲或短视。这一特征对任何生命来说都是杰出而伟大的。生命体不仅参与了复杂性、秩序、选择权、集中度和力量不断衰退的进程，同时也能使复杂性、秩序、选择权、集中度和力量得到增强。爱因斯坦说过：我们永远无法解决自己的所有问题，因为我们以同样的复杂程度创造出了问题。

任何力图解决重大问题的人都知道，无论这个问题来自自身还是想要领导的团体，想要启动"解决所有问题"所需的负熵进程都并非易事。人类有能力在个人和集体层面上采取非凡的行动，但往往人类并不会这样做。太阳把地球燃烧成灰的危险并不是迫在眉睫，但人类自己的核武器把地球毁灭数次的危险近在眼前。在历史上，人类只要研发出一种武器，就一定不会闲置，这一点我们都心知肚明，而引爆核武器意味着全球崩坏和世界末日的到来。如同爱因斯坦所建议的，解除这些威胁需要负熵的飞跃。只有这样，才能重塑全球化冲突，找到新的救赎之路。

对于本书将要介绍的内容来说，最重要的并不是引爆武器或者解除武装，也不是启动熵或负熵，而是要谈到第三种自然力量：动态平衡进程。它如同"免疫系统"般，强劲却又微妙地使事物保持着本来面貌。

通常，在改变的前景中，人们远远未意识到这种使事物保持原貌的力量所发挥的重要作用。许多领导者致力于达成重大改变，也就是通过负熵进程，把他们的团队能力及组织的复杂程度向上提升一个台阶，进入一个新的阶段。另外一些领导者则担心他们的组织会失去竞争优势，然后走下坡路，也就是说，他们担心组织会屈服于熵的进程，从而变得自满、循规蹈矩、不再专注或者活力衰退。但是，就如我们在前文中所阐释的那样（结合你的亲身经历联想一下），阻碍团体组织在机遇中学习和成长的主要因素与阻碍个人学习和成长的是同一种力量，即第三种力量，我们称之为动态平衡进程。

第三种力量既不同于使事物向上发展的过程，又不同于坠入混乱的过程，但它也不是静止不变的，它并不意味着停滞、保持惯性、固化或缺乏动力。你很快就会看到，第三种力量也与运动相关。更准确地说，这是一个系统，各种维持着完美平衡的运动在其中不断相互抵消，这是一个对改变不断产生免疫力的平衡过程。通常来说，如果个体或领导者在动态平衡进程中发挥了主动性，一开始的确可以发生明显的改变（例如减掉 10 磅[⊖]体重，让组织集体向前看齐）。但是，作为回应，动态平衡进程终将发挥出它那巨大的抵消力量，用不了多久，就会使一切回到它熟悉、笔直的平衡道路上（人们的体重再度增加，集体回到了老样子）。

关于个人改变和促进团体变革的领导力的书有很多。无论如何，这些书都认识到了人们不能随波逐流，并警示读者

⊖ 1 磅 ≈ 0.45 千克。

不能屈服于恶化衰退的熵变进程。这类图书之所以具有极大的吸引力，是因为它们支持人们反抗熵的潮流并进行负熵运动。作为研究成人学习与发展的心理学家，我们不禁思考，在改变过程的动力相关的复杂蓝图中，仅有熵与负熵这两种动态力量是否足够？

在没有深刻理解第三种自然力量和自己对改变的免疫力的情况下，无论是你自己还是那些领导者，任何个体为实现改变所付出的努力，真的能使自身变得强大有力吗？明确地讲，如果个体不理解动态平衡进程如何体现在现实生活的独特细节里，变革真的可能发生吗？现在，获得这种理解如此之难，因为人们深深地迷恋着自己的"免疫系统"，人们就活在其中，并不是人们拥有"免疫系统"，而是"免疫系统"拥有人们。"不识庐山真面目，只缘身在此山中。"这正是人们需要一种新的个人学习技术的原因。本书会呈现一种发展教育研究者通过20多年研究和实践得到的技术，并建立一种变革性"语言"的观念。

切实的改变可以让你真正摆脱自身的动态平衡"免疫系统"，并聚集新能量，提升能力，深化内涵，而究竟要怎么做才能确保自己让这种改变切实发生？作为变革性学习的领导者，你怎样才能更好地理解并抓住实践机会，为你的同事或下属创造一个学习氛围更加浓厚的环境？

本书将结合你的个人经历，带领你解决这些问题。（在开头的几章里，你就当自己在参与一节拓展训练中的绳操热身课。）这些活动的目的是提升你学习的能力，同时介绍一种新技术，帮助你产生一股足够强大的认知和情感"推力"，让你至少可以短暂地逃离自己的动态平衡进程，与它拉开一段距离。

掌握这一新技术的基础是学会一些新颖的语言形式。它们是一种工具，帮助你改变惯性的思维或人际交往模式，提高变革性学习的能力。在人们的工作和生活中，不同的场合需要不同的交谈方式，一些交谈方式受到提倡和鼓励，另一些则显得不合时宜。比如，你该如何在公共场所与人交谈，或如何进行私密的谈话；又比如，你该怎样在团体中发言，又该怎样与人进行一对一交流。还有最重要的一点（至少是在一开始），你该怎样和那些你信任的、亲近的人沟通。

除此之外，本书也涉及人们应该如何与自己对话。虽然很多人认为它并不重要，但这是对我们影响最深远的对话场景之一。（作为心理学家，我们可以证明，大多数人的想法是错误的：自说自话并不意味着你是疯子，关键在于你对自己说了什么！）在这里，我们更强调交谈形式，而不是谈话的内容。说话的形式一方面可以决定你对所接触的一切事物的思考、感受和定义，另一方面又影响着你的世界观与处事方法。有些语言形式更注重个体和社会能量，它们能提供更多的关注点，视野更广阔，能提高个人能力。简而言之，它们也许就是实现负熵的工具。读到这里，你可能会认为这个观点很抽象，但很快你就会学习到 7 种不同性质的语言形式，它们或是被应用于自我内部，或是被应用于人际关系中。总之，我们相信这样能更有效地实现本书的目标。我们的经验是，这些新颖的语言形式并不会自发萌芽，它们需要精心而专注的培育。一个好园丁一定要将它们播种，并悉心栽培。

我们的工作环境就是一个个语言社区，基于此，我们得到一个结论：所有领导者都是在领导语言社区。尽管每个人在不同环境中都有可能影响到语言的本质，但领导者有更多的途径和可能性去塑造、修改或是批准已存在的语言规则。在我们看来，领导者在领导语言社区这件事上别无选择，是理所当然的。领导者面临的选择是，究竟是要在领导语言的过程中三思而后行，还是不假思索地认可和接受社会所喜爱的语言形式。领导者可以选择是否要抓住更多机会，可以选择更负责地行使领导力，也可以抱着无所谓的态度敷衍了事。选项如此之多，可只有在是否要成为语言领导者这件事上，领导者别无选择，必须为之。唯一的问题是，领导者将会成为哪种语言领袖。因此，本书也可以作为一份计划表，提供多种多样的途径和方法，以提升人们在不同方面的领导力。

第一部分的四章内容将针对你的个人学习，手把手地带领你构建一种私人定制的新技术、一个新的心理机制。如果能把这四种新的语言方式当作工具使用，那么你就可以慢慢地掌握一种技能，它将带领你逐步了解自己的"免疫系统"、动态平衡进程（也就是那股让你在原地保持不变的力量），最终让你有机会战胜和超越这股力量。以下每一种语言方式都会将你习惯性的内部心理设定或思维模式转变为全新的形式：

（1）从抱怨到承诺。

（2）从指责到担当。

（3）从新年宏愿到对抗性承诺。

（4）从制约你的大假设到你能驾驭的小假设。

这4种语言方式一起构建了一个新的心理机制。如果看得到这一机制的价值，你就会主动维护并升级它。第二部分的三章会向你介绍另外3种语言，它们明确服务于心理机制的维护和升级。对人们来说，知道怎样去维护和不断升级这个强大的个人学习工具十分重要，因为不仅是个人在追求自我成长，领导者也要借此思考如何才能大幅提升集体组织的学习能力。第二部分的每一种语言都能让陈旧的人际关系、社会或组织安排的形式焕然一新，既能保证新机制的平稳运行，也能创造条件，使它不断升级：

（1）从奖励和赞美到持续关注。

（2）从规则政策到公共协议。

（3）从建构性批评到解构性批评。

前四章将介绍四种心理语言，如果你对个人学习感兴趣，这部分内容或许会对你有所帮助。针对那些对领导力感兴趣的读者，第二部分的三章会介绍一些你重点关注的社交语言。在一开始就需要明确，我们希望能通过本书传达出一个不同的信息。或者说，本书可以被视为发给领导者的一封邀请函。所谓领导者，就是那些承担着评价现存社会规则的责任，并经常要协助改变那些规则的人。针对领导者的努力方向和期望，优先思考内在改变至关重要。

那些对个人学习特别感兴趣，需要一些实际社交方法以便持续学习改变的读者，也可以将本书视作一封入门邀请函。你在本书中学会的新技术可能会暂时将你推离那极具迷惑性的动态平衡进程，帮助你洞察一切。如果想保持住这段与平衡系统好不容易拉开的距离，你就需要重新调整现实中的社交关系，建立一个类似"新语言社区"的环境。记住，某些时候一个语言社区可能小到只有两三个人。每个人都有能力去转换新的社交模式，这并不是领导者才拥有的能力。

本书介绍了 7 种新语言。前 4 种用于转换陈旧的思维模式，后 3 种用于转换陈旧的社交模式；前四种用来初步建构一种新技术，后三种用来保持和升级这一技术。最后两章会讲到你该如何在实践练习中深化这 7 种语言，以及如何继续推进你在本书中开始进行的新行动。

为什么人们有着改变个人或集体的远大心愿，却总是历经磨难、功败垂成，最终改变鲜有发生？本书旨在对这个复杂主题进行全新阐释。你会发现，本书的观点是基于我们目前的学术研究、理论架构与实践提出的，而且我们受到儒家典籍中一句话的启发："不闻不若闻之，闻之不若见之，见之不若知之，知之不若行之，学至于行而止矣。行之，明也。"

请准备好。我们的计划是让你知而行之，而不仅仅是纸上谈兵，只给你展示现成的东西。欢迎你来到发现、探索的世界，我们希望看到你最终实现了自己的人生价值。

Contents
目录

Part 1
第一部分

内部语言：重塑思维模式的 4 种语言

社会语言：促进关系和组织转变的 3 种语言

将我们学到的实践一下吧

Part 1

第一部分

内部语言：重塑思维模式的 4 种语言

Chapter1
第 1 章

从抱怨到承诺：发现你要为之奋斗的信念

在第一部分的四章中，我们会结合你的个人经历，带你进入一个创造性进程，然后向你介绍关于个人学习和反思性领导的 4 种语言。在这一过程中，我们会尽力帮助你使用这 4 种语言，来构建一个属于你自己的初级心理机制，借此让你克服"第三种力量"的引力，突破你的"免疫系统"。

前四章会按照如下步骤循环：我们提出一个问题，然后要求你独立思考几分钟，并引导你记录你的所思所想。我们知道，绝大多数人倾向于独自阅读这本书，这未尝不可，但如果你能够找到同伴一起阅读，可能会事半功倍。你会更好地掌握这些新颖的语言形式，并能从同伴的分享中得到更多实例。我们知道，有些读者正在与人合作，而有些读者恰好在思考如何在类似的学习过程中领导团队。在开始前，我们想先花点时间，介绍一些很有用的基本准则。

在前四章中合作阅读的基本准则

如果你能找到一两个同事或朋友跟你一起读完前四章的话，你可能就会更了解在构建新技术时与他人开展合作、互帮互助的重要性。如果你正在思考如何领导团队进行这类学习，也许接下来我们所讲述的经历会对你有所帮助：我们曾经和许多小组甚至多达 800 人的团队一起讨论，并取得了很好的效果。要强调一点，我们需要把一个房间内"发言组"的规模限制在 2 ～ 3 人，这样就不会让成员感觉身处太过庞大的团队之中，避免他们在接下来四章参与和思考的过程中总是产生被"落下"的感觉。

□ 讲话者的准则

基于以上种种铺垫，在接下来的四章中，你将看到，探索会越来越接近本质。你可能会发现，一开始你很乐意跟别人交流你的想法，但随着事情的发展，你更希望其他人的参与可以越来越少。因此，针对扮演讲话者角色的你，我们要提出一条基本准则：

> 在你认真思考的过程中，
> 同伴能对你产生多大的影响，
> 始终只取决于你自己。

在思考的过程中，你或许需要筛选一下，在他人的影响中，有哪些是你完全可以接受的，又有哪些会令你为了体面而彻底保持沉默，最终导致你对同伴绝口不提自己的真实想法。

□ 聆听者的准则

作为聆听者，基本准则如下：

> 不要向他人指出
> 你认为他遗漏了一些事情。

你完全不必从自己的经验知识出发，为他人的处境提供一些你自认为有益的建议；不必让别人去改变或重新思考他们的观点；不必用任何方式给别人讲道理。相反，你应该做一个合格的聆听者，允许其他人得到自由表达的机会，并让他们通过公开表达的过程（这种机会非常难得），充分反思他们自己的想法。

□ 选择谈话同伴的基本准则

在前两条基本准则的基础上，为了最大化这种自由表达的体验，我们还是建议你要对另一个潜在问题保持警惕：

> 最好不要让你的上级领导
> 做你的谈话同伴。

这也意味着你不是下属的最佳谈话同伴。

如果你能组织一个谈话小组（哪怕是个二人小组）一起阅读接下来的四章，我们推荐你先单独熟悉一遍这些材料，这项工作大概会花费一两个小时，不过具体的时间取决于你想和其他成员磨合多久。本书的每一章都有独立的观点和目的，但是第一部分的前四章合在一起创造出了一个心理机制，并介绍了它的运行方式。在本书剩余部分的指导下，你会充分掌握使用这一机制的方法（或者更令人期待的是，你可以超越本书传授的方法）。当然，如果你是独自阅读，也不用感到害怕，你能在独立学习中学会同样的技术。总而言之，无论用哪种方式，你都会慢慢构建出一张只属于自己的概念表。因此，在接下来的四章里，你需要纸和笔来帮助自己有条不紊地工作。

激活内部语言

准备好了吗？我们现在提出第一个问题，然后给你几分钟时间独立思考。请把你的想法单独写在一张纸上，以备之后参考。

哪些事情曾频繁地发生在你的工作中，并让你觉得这能够使你在工作中进行更好、更持久的自我发展？

在你继续思考这个问题之前，我们需要进行一些详细的阐述：

（1）在这里，我们并不赋予"发展"一词特定或高度专业的含义，你可以自由联想，什么会对你的持续成长和发展提供帮助，并对它进行定义。

（2）不要使用合理性、可能性和偶然性这些因素来筛选你的答案。你想到的事是否真有机会在工作中发生其实并不重要。这一问题的关键只在于它可以帮助我们进行一种思考练习。我们对你想到的所有事都感兴趣，无论它有没有可能实现。

（3）如果发现这个方法很有用，你可能就会开始反思，对自己来说什么是麻烦的、阻碍进步以及限制发展的事。如果这些事不那么频繁地发生，会让你觉得更有利于个人发展。

如果你是和同伴一起思考的，你们可以在思考了几分钟之后互相交流一下，看看彼此都有什么想法。好了，现在花点时间想想这个问题吧，之后再继续读下去。

我们不可能知道，当你在苦苦思索这个问题时，会有什么想法浮上脑海。不过，在对众多不同行业的职业人士进行询问之后，我们可以大致预感到你会进行怎样一段谈话。可以说，这也是我们鼓励你一边和同伴讨论一边阅读接下来四章的原因之一。当你和别人讨论我们提出的问题时，你就会自动产生出一种不同性质的"语言形式"。在接下来的章节里，你一定会对每种语言形式产生直接的并且是个人独有的体验。

一般来说，我们的第一个问题会引出怎样的对话呢？下面摘录了几个典型案例。

我们从来没有机会真正和别人探讨我们在工作中遇到的重大事件或问题。我们手头的任务要在今天或明天交付，在如此巨大的压力下，没人能腾出时间去思索什么更广阔的未来图景。我知道我需要去思考未来，但我真的做不到。

好吧，这么说吧，我的老板可能会突发意外去世，也可能会调动、晋升到其他部门！这对我的成长和发展就是很大的助力！（笑）说实话，只要她还在我的未来规划中，我就没办法变得更好！我不尊敬她，她总是满口谎言，而且只考虑她自己。但是，为了继续成长，我必须尊敬我的老板。为了成长，我急需一个同伴，或者加入一个我真正想要融入的团队，但这些我都没有。

说实在的，我需要的是一两个"我"这样的人为我工作，就像我为老板工作那样，这对我的发展是最大的支持。我需要负责的事实在太多了，以至于我一个人无法全部处理好，我知道我还有其他要做的事，可我又能怎么办呢？我需要一两个助手替我分担一些事，以减轻我的负担。

在我们店里，没有人会真正和别人交流，因为大家都在谈论别人。没错，背后的闲言碎语里隐藏着难以置信的负面效应，它会折磨、消耗每一个人。人和人之间会产生问题很常见，但我们都不会直接去找那个和自己有摩擦的人，而是通过在背后和不相关的人聊天来解决问题。

如果我不用操劳得像个老妈子一样照看着这里的话，我可能会更好地成长和发展；如果我的下属不会为了每个细枝末节的决定来找我，而是自己成长，并且在他们负责的领域中变得更有自主性和责任感，我就能更自由地做事。

归根结底只有一句话，如果我能有更多的时间。

我永远都不能告诉老板我的真实想法，这一点很明显阻碍了我的成长。他的风格就是永远同时开展所有工作，并且期望其他人也都可以这么做事。

我觉得我们好像总是在工作中翻来覆去地强调同样的问题，但我们又一直在逃避它们，从来不真正思考解决问题的方法。我们的梦想很远大，但现实生活一直毫无进展，没有任何改变。在这种环境里，我们很难成长。

管理结构、职权设置、决策方式，所有这一切都乱七八糟，这都是因为选择了错误的负责人。即使从战略上来讲，替他人做决定，却不让别人参与到决策中，又希望人们支持管理者所做的决定，这简直是天方夜谭。拜托！如果你经常感觉到别人把你当孩子对待，那在这种地方是很难成长的。

□ 默认模式："NBC"和"BMW"

实际上，人们往往非常熟悉我们第一个问题所引出的语言形式，而产生这种语言的轻易、持久和频繁的程度令人瞠目结舌。抱怨、失望和批判就是这种语言的主旋律，它们或贯穿整体，或体现于部分当中，就像下面这个职业人士曾经对我们说的那样。

> 她：哦，在我工作的地方，我们老是这么说话。我们甚至都给它起了个名字，将其称为"NBC"对话。
>
> 我们："NBC"对话？这是什么？
>
> 她："NBC"，就是唠叨（nagging）、埋怨（bitching）、发牢骚（complaining）！

在另一个组织里，人们称这类语言形式为"BMW"：埋怨（bitching）、无病呻吟（moaning）、哼哼唧唧（whining）。

在电影《一千个小丑》（*A Thousand Clowns*）里，主人公莫瑞发现，如果你在工作中甚至是大街上随便找一个人，对他说"我很抱歉"，在听到这句话之后，人们的反应无一例外，就好像他们真的随身携带着一个储藏受伤情感的仓库，正下意识地等待着某个人向他们道歉。我们不清楚这是不是真的，但我们也有一个关于这种简易仓库的类似发现。当询问人们在工作中怎样才能得到更多帮助和支持时，一大堆带着懊悔的批判就像竹筒倒豆子一样倾泻出来，有时还伴随着苍白的愿景和希望：

> "要是……多好……""我只是希望……""如果曾经……""为什么我不能（或者他不能）……"

有时这类谈话会充满无奈的消遣，有时夹杂着怨恨的情绪，有时则是消沉。进行这种对话的人可能热爱他们的工作，憎恨他们的工作，或是对他们的工作爱恨交织；这些人也许在工作中表现优异，也许不怎么样；有些人是职场新手，而有些人则快要退休。这些批判针对老板、下属、同事、"所有人"，甚至偶尔针对自己。

每个人的想法都有特定的具体内容，可能与我们给的例子相似，也可能正巧相反。但事实证明，无论这些内容是什么，人们都很清楚哪些事物会在工作中阻碍自我成长和发展，人们能够敏锐地发现这些事物，并对它们记忆犹新。而且，大部分人都会使用一种方法——抱怨，去解决问题，尽管通过广泛实践已经证明，这种方法并不会对解决问题产生什么实质性帮助。

这种令人无法忍受的对话在各种工作场合都相当流行，以至于抱怨几乎成为人们隐藏的第二天性。在最近一次与中层管理者的工作研讨会上，一位与会者在休息时走过来，告诉我们，我们的观点是如何在他那里得到印证的：他的店里就充斥着抱怨。"我想起一个笑话要讲给你们听，"他说，"这能证实你们的论点。你们的狗和你们的直属下属有什么不一样？"我们注意到有一群想要偷听这个笑话的经理凑了过来，因此有些不情愿地回应："好吧，有什么不一样？""区别就在于，当你把狗放进办公室时，它就会停止发牢骚。"当那些同行经理低声轻笑并频频点头时，我们不禁注意到，这个笑话表面上是在消遣那些爱发牢骚的下属，但其实它本身就是一种抱怨。这种语言形式十分普遍，但也许你更容易从别人身上观察到它，而不会察觉到自己也有这个问题。

对于那些察觉到抱怨式语言的人来说，它无处不在，令人喘不过气。正如一位职业人士告诉我们的：

我们店里有一群人，他们在店里工作了很长时间，并且很有天赋，聪明又有趣。他们能把抱怨打磨润色成一种高超的语言艺术，他们非常擅长于贬低一切事物。这种风气开始蔓延，渐渐地，所有人都加入其中。我不得不承认，这个方法确实能逗人一笑，就像大卫·莱特曼（David Letterman）或者霍华德·斯特恩（Howard Stern）那样，它以幽默和讽刺引人发笑，但只是在很小的程度上。作为主要的对话方式，它会令人感到极度沮丧和情绪低落，因为归根结底，潜藏在它内部的信息是非常令人沮丧的、愤世嫉俗的。它会让每个人都觉得，所有的事都是一团糟，并且我们不可能有任何机会让事情好起来。

抱怨、期盼和展望未来是工作中最频繁出现的对话形式，但这绝不是人们在个人学习和反思性领导中应该采用的7种语言类型之一。和我们提出的7种语言不同，抱怨可不是什么稀有的"花朵"，它并不需要一个肩负着塑造语言形式重任的领导者去精心培育和滋养。正相反，就像杂草一样，抱怨自己就会生长，而且随处可见。几乎在每一个工作场所中，无论你是出类拔萃还是表现平平，它都有着旺盛的生命力。

这种"NBC"对话最大的问题就是它无法改变任何事。因为它几乎没有任何方向，它的终点就是它自己。当然，抱怨和发牢骚也有一点小小的好处：它能让人们发泄怒气。如果人们能够找到同盟来分享自己对某人、某事的负面评价，那么他们在失望、不幸或者厌恶憎恨的情绪中就能感觉到自己不再孤独。（负面评价经常是关于某人的，比如："我认为她是个废物，你认为她是个废物吗？好的，我们都认为她是个废物！"）但除此之外，就很难找到抱怨的其他益处了。

□ 抱怨中的潜能

那么，我们为什么要花费时间，向你讲述工作中存在抱怨这种广泛传播但缺乏变革性的交谈方式呢？之所以这么做，是因为我们相信，用一种人们很少采用的方式去关注抱怨的形式是很重要的。我们认为，抱怨的语言形式中存在着未被开发的潜能。尽管"NBC"对话不具有变革性，但它蕴含着一种全新语言形式的种子。抱怨这种广泛存在的谈话方式需要人们在某种程度上给予关注，不仅是因为它如此普遍，也因为它充满激情。哪里有激情，哪里就有变革的可能。我们相信抱怨的语言需要被重新审视，因为它蕴藏着一颗具有变革性的种子。以下观点可以帮助你找到获取这颗种子的通路：你不会抱怨自己不在乎的事。在奔流不息的抱怨的洪流之下，隐藏着一条值得关注的暗河，那其中蕴藏着你最珍视也最让你全身心投入的东西。

总而言之，你绝不能彻底摒弃抱怨的语言（摒弃一件让人投人如此之多精力的事绝不是一个好主意）。虽然听起来有些古怪，但我们的想法是，领导者应该思考如何去培养一种语言环境，鼓励人们沉浸其中，以之为荣，并且就以他们现在的抱怨和失望为基础，进一步追求潜在的变革。

第 1 种语言：从抱怨到承诺

你该怎样做才能达到这一目的？我们想让你回顾一下，在思考本书提出的第一个问题时你是怎么想的，别把之前的想法搁置一旁。为了让你站在变革的角度思考这些想法或感受，我们需要你来考虑第二个问题：

你对上一个问题的回答，实际隐含了什么承诺或信念？

我们想象一下，如果花点时间，你可能会想到许多承诺或信念。可能它们在你对第一个问题（什么会支持你在工作上的发展）的回答中并不明确，但是就我们现阶段的目的而言，只选择一个你能强烈感觉到的就够了（如果你同时想到了几个，那就选择自己感觉最强烈的那个）。回答第二个问题最快的方法，就是在你思考如何回答第一个问题的同时完成以下这个句子：

我为了……的价值或者……的重要性而全力以赴。

在第一部分的前四章里，我们一边带领你熟悉一系列相当少见（但具有可持续性）的语言形式，一边引导你开展一项活动。在这项活动中，我们会为你量身定制一个你特有的心理机制。就像我们在引言中曾经说过的，这是为你私人定制的个人学习新技术，它会为你提供足够的上升推力，帮助你离开自己那极具迷惑性的动态平衡进程。你在本章和接下来的三章中见到的每一种语言都会帮助你为这个机制添砖加瓦。你在为这个机制搭建每一个零件时，也需要监测它整体的构建进程，因此我们建议你另外拿一张纸，画一个含有四列的表格，如表 1-1 所示。

表 1-1　四列概念表

　　第一列标题写为"承诺"，然后填入句子主干，如表 1-2 所示。

表 1-2　第一列标题

承诺			
我为了……的价值或者……的重要性而全力以赴			

　　现在，把你补充完整的句子主干"我为了……的价值或者……的重要性而全力以赴"填写进去。如果你在和同伴一起进行这项活动，我们建议你们花点时间，依个人意愿，尽可能多地

交流一下各自都想到了什么，然后再继续阅读下去。

为了让大家一起来进行反思，我们提供了一些例子。

之前做了以下陈述的那个人所填写的第一列如表 1-3 所示：

在我们店里，没有人会真正和别人交流，因为大家都在谈论别人。没错，背后的闲言碎语里隐藏着难以置信的负面效应，它会折磨、消耗每一个人。人和人之间会产生问题很常见，但我们都不会直接去找那个和自己有摩擦的人，而是通过在背后和不相关的人聊天来解决问题。

表 1-3　第一个示意表：第一列完成

承诺			
我为了……的价值或者……的重要性而全力以赴			
在工作中更开放、更直接地交流			

在我们展示的表 1-4 中，说了以下这些内容的人也许会这样填写表格的第一列：

如果我不用操劳得像个老妈子一样照看着这里的话，我可能会更好地成长和发展；如果我的下属不会为了每个细枝末节的决定来找我，而是自己成长，并且在他们负责的领域中变得更有自主性和责任感，我就能更自由地做事。

表 1-4　第二个示意表：第一列完成

承诺			
我为了……的价值或者……的重要性而全力以赴			
支持员工发挥更大的主观能动性			

最后这个例子，表 1-5 的第一列也许是由说了以下这段话的人填写的：

说实在的，我需要的是一两个"我"这样的人为我工作，就像我为老板工作那样，这对我的发展是最大的支持。我需要负责的事实在太多了，以至于我一个人无法全部处理好，我知道我还有其他要做的事，可我又能怎么办呢？我需要一两个助手替我分担一些事，以减轻我的负担。

表 1-5　第三个示意表：第一列完成

承诺			
我为了……的价值或者……的重要性而全力以赴			
保证充足的资源和额外的人员支持，使自己能够在工作中苗壮成长（而不仅仅是幸存下来）			

不论你想在第一列中写些什么，至少有两件事可以说说：

（1）写下一个你由衷而发、能够为之全力以赴的承诺（不是你觉得自己应该做出的，也不是期待在未来某一天能够做出的，而是此刻真正做出的承诺)。

（2）目前所写下的承诺还没有被充分、彻底地实现（这是合理的，因为它毕竟来自抱怨这种具有缺陷的语言）。

承诺的语言

表格第一列的小例子，就是我们所说的承诺的语言。注意一下你和我们刚刚一起经历的思考过程，以及你刚刚对事情所做转换的本质意义，即从抱怨的世界到承诺的世界。你并不是完全摒弃或回避了抱怨；相反，你直面了它，并且超越了它，最后到达了做出承诺的新世界。在工作中，抱怨非常普遍却又徒劳无功，但是你可以不仅仅把它看作一个待解决的问题、一块应消融的壁垒、一种该杀灭的病毒，而是要引导领导者充分利用抱怨中的能量，把它看作一扇通往未被世人发现的、效率更高的新世界的大门。在这个新世界中，你可以挖掘并表达工作中的个人承诺。要打开这扇大门，就要培育一个语言环境，在这里，人们的批判性评价可以得到尊重，这不仅能有助于确认什么是不可容忍的，更能让人们确立准备好为之奋斗的目标。

当人们对工作环境有所抱怨和批评时，领导者通常会有什么反应？对大多数领导者来说，反应方式不外乎以下几种：

（1）领导者表示同情并产生共鸣，让别人知道他明白并理解下属（或事情）有多艰难。

（2）领导者经常能在工作中获取更多资讯，或处于更具有优势的位置，领导者可能会尝试让其他人扩展视野，并想一想有没有可能去改善现状。

（3）由于一时冲动，有些领导者可能想成为一位慷慨奉献的人，能够解决问题，修复裂痕，让所有的负面因素消失，尝试用一己之力改变现状，从而消除人们的抱怨和批评。

以上这些应对方式没有绝对的是非对错。在多变的环境下，每一种方式都有其适宜的情况。然而，从理论上来说，你可以采取的应对措施越多，效率就越高。依此推论，显然，你不可能去选择那些自己还没有意识到的方法。我们认为，去思考是否还存在其他应对抱怨的途径是大有裨益的。面对抱怨，一种本质上不同的反应方式能够带来承诺的语言。现在请你看看其他反应方式是怎样的。

在第 1 种语言中的领导机会

我们提出的其他反应方式并不能裁决抱怨究竟是好是坏。它不受抱怨这种行为的限制。这种方式既不是想让一个人完全转换思维，消除产生抱怨的来源从而赶走抱怨；也不认为抱怨就是不受欢迎、不愉快，或者令人羞愧的。正相反，我们所提出的应对方式与抱怨相随相生，并尊重抱怨，从而带领爱抱怨的人去追寻那种隐含在抱怨中的前进动力，如表 1-6 所示。

表 1-6　从抱怨的语言到承诺的语言

抱怨的语言	承诺的语言
• 轻易产生，出于本能，传播广泛	• 除非明确表达，否则相当少见
• 明确表达了我们不能容忍什么	• 明确表达了我们追求什么
• 让说话者感觉像一个满腹牢骚或愤世嫉俗的人	• 让说话者感觉像一个满怀信念和希望的人
• 产生摩擦和无力感	• 激发生机勃勃的能量
• 把抱怨看作提示错误的信号	• 把抱怨看作关心某事的信号
• 不具有变革性，除了宣泄被压抑的过剩精力和赢得具备相同消极特征的盟友之外，几乎没有别的任何作用	• 具有变革性；把握原则方向，以目的为导向工作

你可以创造机会，让人们去发现当下他们最在意的事，并让他们花一点时间去辨别哪些最重要的事项或准则此刻正危如累卵。最后他们可以确定，在自己的抱怨之下，隐藏了哪些自己最想为之全力以赴的目标。(实际上，根据爱抱怨的人的愤怒和沮丧的程度，他们可能首先需要感受到你是理解他们的，虽然不一定赞同，但你要理解他们到底在抱怨什么。在这一需求被满足之前，他们或许不能接受你的建议。)在得到这样的回应后，爱抱怨的人才可能获得一个机会，去更多地体会他们自己是如何从抱怨者转变为承诺者的。

不过，能从这一转变中获得最大好处的也许是领导者自身。我们完全可以理解，大多数领导者都在刻意避免去弄清楚在自己的责任范围内，抱怨的语言究竟产生了多么重要的影响，或者根本不去追寻这种语言具体的深度，而那些真正认清这一点的人，无论是出于主动计划还是由于他们面对着不可避免的阻力，又往往把抱怨看作必须铲除的毒瘤。人们并不是什么都抱怨，因为并不是所有事情都足够重要，值得他们为之倾尽全力。如果回避抱怨这种语言形式以及它带来的能量，或者直接把它看作一种应该被消除的力量，那么人们就失去了机会，无法把生机勃勃的奉献能量带到工作当中。

接下来的一章不再主要探讨抱怨。如果人们能够进而将产生的抱怨转换为承诺，也就是找到为什么某些特定事物是抱怨的首要对象，那么他们就会取得很大进展。

引导下属去建立他们和抱怨的新关系是十分有益的，对领导者来说，思考自己和这种不断表达不满的语言的关系同样具有重大价值。人们的思维就像个收音机，每时每刻都在调频。通常在人们意识到之前，思绪就已经从一个频道跳到另一个频道上去了。这被我们称之为"进行中的思考"，但是，既然人们没有真的注意到自己正在选择不同的频道，那就意味着人们也没有在真正意义上"进行思考"。也就是说，并不是个体真的拥有这些想法，而是这些想法占据了个体。欢迎收听，这里是全体育频道、全新闻频道和全抱怨频道。

在本书中，与自我对话和与他人对话的语言方式都是我们的关注点。你可能非常熟悉某些频道，它们从内部指向抱怨、失望和烦恼，你和这些频道的关系是什么呢？通常，人们摇摆不定，不知道是该固定选择收听这些频道（全神贯注于抱怨，然后对它们的起源、成本和结果进行详尽叙述，就好像人们在编剧演戏，把自己塑造成善意的、四面楚歌的悲情英雄），还是假装忽略这些频道（告诉自己要积极向上，不要陷入这些无意义的消极情绪中）。可是非常有趣，尽管第二种选择看起来很成熟，但它其实和第一种选择一样，也具有很大的风险，因为它意味着不去聆听自己，这样你就忽视了自己的内部工具，而这些工具正在向你传递有用的信息。

个人承诺的语言为你提供了另外一种思路，既非全神贯注于你所不能容忍的事物，也非无视你的抱怨。通过实践，个人承诺的语言让你尊敬并重视自己所发的牢骚（而不认为它们是羞耻的、令人厌烦的，或者是一种威胁）。通过对第1种语言的实践练习，你可以积极地正视抱怨，并走向更广阔的天地。

抱怨的语言从本质上告诉自己及身边的人，什么是你所不能容忍的。承诺的语言告诉自己（或许还有其他人），什么是你要为之不懈奋斗的。第一种变革性语言并不是要取缔或摒弃抱怨，而是让你做出转变，从一个总是很失望、发牢骚、许心愿、瞎挑剔的人变成一个坚守特定信念的人，坚信自己能够改善或守护那些你所认为最重要、最珍贵、最值得的事物。在第 2 章中，你将看到这种新的变革性语言会怎样继续发展。

从指责到担当：直面自身问题

请再来看看你填写在概念表第一列中的内容，也就是你的个人承诺。就像我们在第 1 章中曾经说过的那样，先不考虑其他问题，只考虑这个承诺，它目前还未被完全实现。

默认模式：
你遇到了敌人，但敌人并不是自己

大千世界，纷繁复杂，在这里，总有许多因素和条件会影响事物的形成和发展过程。因此，在仔细思考为什么无法实现自己的目标时，你可以指出许多影响因素。

现在，你需要思考一些问题。如果让你列一张清单，指出到底是哪些人或因素导致你的承诺不能实现，你会在清单中写上自己的名字吗？这还引出了下一个问题，请你思考后做出回答，并把你的答案填入概念表的第二列。

你做了什么，或是没做什么，使你不能完全实现
自己的承诺？

在让你自由思索这个问题之前，我们需要阐明以下几个要点。

首先，我们并不认为你是导致承诺无法实现的最大责任人，你应负的责任可能非常有限。我们肯定不会说："这都是你的错！"我们只是认为，作为一个成年人，在大部分情况下，你都需要承担自己的责任。无论你做过什么，现在都有一个机会，能让你探究一下自己的行为究竟起了多大作用。

同样，我们也不会指责你没有为实现自己的目标付出努力。相反，我们相信，既然你愿意在本书和其他类似的图书上花费时间，那么你很有可能是个正在为某个长远承诺付出巨大努力的人。总而言之，我们一致认同，你为实现承诺下了很大力气，但这并不是我们的重点。重点是，你能否指出自己做了哪些事（也许常常是无意间的），使你在达成目标的过程中半途而废。除此之外，我们还想知道，你能否指出自己没有做哪些事，从而让自己的承诺在半途搁浅。

一种情况是，你的行为可能不符合自己的承诺，试举一例："我应承了太多别人要求我做的事，于是在那些应当完成的工作上，我反而难以投入足够多的时间。"另一种情况是，你并未为自己的承诺付出切实行动。有关于此，也有一些常见的例子，"我从未向别人提出过我真正的要求"或者"我并没有为了我的信念全力以赴"。

思考一下你的所作所为，然后把你想到的内容填入概念表

的第二列中。你在阅读第 1 章时，就已经开始制作这张表了。我们建议你将第二列的标题写为"行为与承诺不一致"（见表 2-1）。如果有同伴正和你一起填写这张表，你们可以按照自己的意愿和节奏来完成这项任务，反思片刻，再开始填写。

表 2-1 个人担当

承诺	行为与承诺不一致		
我为了……的价值或者……的重要性而全力以赴			

第 2 种语言：
从责备他人到个人担当

前面的问题中蕴藏着怎样的语言形式呢？来看看职业人士是怎么做的，他们和你一样，都处于正在构建概念表的阶段。以下是 40 对谈话者对概念表第二列内容的讨论。

丽莎：好了，还有没有人需要更多时间来讨论一下第二列中填写的内容？（笑声）我的意思是，你们一会儿还可以和你们的搭档继续活动呢。行吧，行吧，再给你们一点时间，我们过一会儿再打断你们……

丽莎：好了，来一起看看我们的四列表。帕特讲述了她在第一列中填写的内容，也就是她的承诺。当然，在告诉我们她在第一列写了什么的时候，她还不知道（笑声），在接下来的整个下午，她要当着所有人的面一直谈论自己的私人问题（笑声）。说实话，她不必这么做。我们很尊重参与者的选择，无论他们是想要跳过还是继续这个游戏都行（笑声），这话是认真的。无论什么时候，只要你说想要跳过，我们就会找下一个人。所以我们要和帕特确认一下。帕特，你想要跳过还是继续？

帕特：哦，我要继续，真是要了命了！（笑声和掌声）

丽莎：好的，太好了。为了防止有人看不到黑板，我先说明一下，帕特说她在第一列填写的承诺是要重视员工的价值，也就是说，要从根本上把员工看作宝贵的财富，对他们进行保护和投资，而不是将员工当成高昂的成本去控制，从而降低价格。现在由帕特来继续介绍她在第二列中写了什么。

帕特：首先，在更深入地思考后，我认识到这个承诺其实是在说我们的领导团队需要重视员工，尤其是我的 CEO！但我觉得，如果我就这么直接跟他说，那么他根本不会开诚布公地跟我探讨这件事，甚至会觉得这一切不可理喻，所以我从不和他讨论这个话题。说实话，我从没对他明确表达过我的想法。

丽莎：谢谢你。大家听到帕特刚刚说的了吗？我先来说说自己对大家想法的理解。首先，我觉得她开始更清晰地认识到自己的承诺了，而且她还发现，CEO看待员工的方式取决于他的性格特征。帕特的这一发现可能是非常准确的。也就是说，虽然她以发一个小牢骚作为开始（笑），但她无法忍受这种陈旧而熟悉的语言形式，她没有停留在这里，止步不前。我们想让帕特来思索一下，她本人到底应该为无法兑现承诺负多大责任。我认为她做得很好。如果我正确理解了她的意思，她应该已经认识到自己对CEO的印象实际上是没有经过事实验证的、令人沮丧又刻板的。简单地说，她从没有开诚布公地和老板谈论她的想法。所以我们可以确定，在这整间屋子里的所有人中，当要去和某个关键人物交谈，从而让事物朝着目标方向改变时，恐怕只有帕特能做到如此三缄其口，对吗？（笑声）好了，我们每个人都是不同的，不可能所有人都完全认同其他人在第二列中填写的内容；或者这么说，大家在第二列中各自填写的内容不可能会得到所有人的认可。谢谢你，帕特。现在我们问问迈克尔。迈克尔，你想要跳过还是继续？

从这个"音频片段"里，你能看到，利用小组公开讨论的场景，我们创造了一小段直接体验，展现了第 2 种语言形式在工作中的应用。通过这种友好而非强制性还略带自嘲的方式，人们陈述了自己在工作中的无效行动与不作为，让责任与担当的语言氛围充斥四周。人们讲述自己的故事，并非出于羞辱或贬低自我的目的，而是为了审视这些故事和事实，并从中获益。总之，人们讲述自己的故事，一方面是为了使它们成为过往经历，不要再发生，另一方面则是想要为这些事实和经历承担更多的责任。

这样做的原因何在呢？或许大家都有这样的经历，比如一个人因为某些事情对你感到不满，而你需要与他进行谈话或对质。当他事无巨细地罗列出你的错误和罪行时，你可能会这样想："我不敢说，面对你所指控的每一项罪行我都是完全清白的，我甚至愿意承认，你指出的大部分问题都是真实存在的。但是，我的天啊！如果你跟我处在一样的情境中，你会像苛求我那样，清晰地认识到你自己在工作中应负的责任吗？"也许你并不是想要逃脱罪责，只是需要有人可以和你一起承担，这样大家就可以共同分担责任了。

与之相对的另一种经历则十分罕见，但真希望所有人都曾有幸体验。比如在一段对抗性谈话中，对方在责备你的同时，也能直面他自己的问题。或许人们都有过体会，如果另一方能为自己的目的和所要到达终点负责，你就能和他一起向前进步。如果领导者有兴趣在工作中培养个人担当这种语言形式，他们可能会发现自己和员工的对话变得更加有效，同时也能在员工之间培养更高效的对话氛围。同样重要的是，你即将看到，应用这种语言形式还可以促使你与自己进行更富有成效的对话。

如果你正在创建概念表，那么你大概在第二列中做了一些笔记，这能够启发你创造一个讲给自己听的"故事"。让我们回顾一下在上一章中就开始制作的概念表吧。曾做过以下叙述的人，现在可能会有一张如表 2-2 所示的概念表。

在我们店里，没有人会真正和别人交流，因为大家都在谈论别人。没错，背后的闲言碎语里隐藏着难以置信的负面效应，它会折磨、消耗每一个人。人和人之间会产生问题很常见，但我们都不会直接去找那个和自己有摩擦的人，而是通过在背后和不相关的人聊天来解决问题。

表 2-2　两列概念表的第一个示意表

承诺	行为与承诺不一致	
我为了……的价值或者……的重要性而全力以赴		
在工作中更开放、更直接地交流	当有人和我的价值观不一致时，我从不当面说出来。我会偷偷和其他人说，并认为人们在背后相互谈论是没问题的	

说了以下这些话的人，现在的概念表或许会如表 2-3 所示。

如果我不用操劳得像个老妈子一样照看着这里的话，我可能会更好地成长和发展；如果我的下属不会为了每个细枝末节的决定来找我，而是自己成长，并且在他们负责的领域中变得更有自主性和责任感，我就能更自由地做事。

表 2-3　两列概念表的第二个示意表

承诺	行为与承诺不一致		
我为了……的价值或者……的重要性而全力以赴			
支持员工发挥更大的主观能动性	（1）当他们要求我参与或者接管一切的时候，我没有拒绝（2）我没有尽可能多地放权（3）当我应该把工作下放给某个主管或特定领域的下属时，我却经常自愿参与相关事务		

最后，做出以下陈述的人现在也许会创建下表，如表 2-4 所示。

说实在的，我需要的是一两个像"我"这样的人为我工作，就像我为老板工作那样，这对我的发展是最大的支持。我需要负责的事实在太多了，以至于我一个人无法全部处理好，我知道我还有其他要做的事，可我又能怎么办呢？我需要一两个助手替我分担一些事，以减轻我的负担。

表 2-4　两列概念表的第三个示意表

承诺	行为与承诺不一致		
我为了……的价值或者……的重要性而全力以赴			
保证充足的资源和额外的人员支持，使自己能够在工作中茁壮成长（而不仅是幸存下来）	我没有拒绝，或是说我也不知道该如何拒绝		

在第二列中出现的只言片语，象征着你为自己讲述的一个或几个故事。讲述故事的行为本身就是一种负责的体现，它承认了人们在事情发展中实际付出的比自己希望付出的要少，也比自己的愿意付出的要少，并且承认了自己并没有像承诺的那样全力以赴。然而，人们一般何时有机会讲述这样的故事？在讲故事的时候，人们又习惯怎么做呢？

削弱个人担当的潜能

在持续的工作语言中，具有个人担当的语言是一种相对少见的语言形式。在年终总结的时候，它会以一种微弱、扭曲而又短暂的形式出现：或许在一年将尽时，人们需要评估自己今年在工作中的成就和不足；又或许在与老板交谈时，人们先

大谈特谈自己的成就和优势，然后再使用一种极为空洞的个
人担当的语言形式，承认自己的失败或不足（用一直很流行的
说法，这就是"成长空间"）。为什么以上对话会如此苍白无
力呢？

在年终总结时承认自己的不足会带来哪些结果？这样的对话
和新年伊始时许下的宏愿的结果基本相同。它们和新年宏愿蕴含
着相同的变革性力量，但你知道，这种力量是微不足道的：还没
到 3 月人们就不会再遵从新年提出的设想，而不到 5 月人们就会
把那时许下的愿望忘个精光。

那些使人们无法兑现承诺的行为，通常会出现在他们许下的
新年宏愿中，基本上也是那些本书罗列在概念表第二列中的不恰
当和效率低下行为的表现。因此，人们会把这些工作中的问题行
为视作类似于孩子淘气的表现。相比之下，本书则认为个人担当
的意义远远超越了接受指责。

担当也远远超越了只是做对某件事情或是改变一个人，尽
管这些意图也都是十分令人钦佩的。毕竟在很多情况下，你不
需要老板在场或是进行年终总结来帮助自己下定决心做得更
好，你只靠自己就可以做到。举个例子，当那些认真负责的职
业人士意识到自己的某种行为正在暗中破坏曾经许下的承诺
时，他们的第一反应是什么？显而易见，他们只会立刻在自己
的个人待办事项列表中写下这些需要"清理"和纠正的行为，
敦促自己改变，从而让事情完全回归正途（或至少变得"更加
正确"）。

在要求人们填写概念表第二列的时候，我们多次看见人们写
道，"我必须要学会拒绝"或者"我必须要更多也更坚决地下放

职权"。换句话说，他们忽视了自己是如何阻碍承诺兑现的，然后就立刻致力于纠正在工作中出现的错误和麻烦。可是，这能有什么问题呢？这难道不是任何一个雇主都想要看到的结果吗？这是员工通过努力，辨识出系统中的漏洞，并且对其进行修复和调试的一种担当。

然而，事情就是如此奇怪，尽管某些时候人们确实在解决问题的过程中有所收获，但同时也可能失去某些东西，比如我们失去了问题本身。"但这就对了啊！"那些勤勤恳恳的职业人士会说，"少一个问题有什么不好呢？"我们的回答是，没错，可能有很多问题只要简单解决就行了，但如果我们把所有问题都当作一个系统中的漏洞，那么去除这些漏洞最好的方法就是对系统进行维护，而这个系统本身要为产生漏洞负首要责任！依此类推，当我们迅速地解决一个问题的时候，唯一可以确定的一点是，虽然解决了问题，但在问题解决的前后，我们毫无变化。

关于个人担当的学习方法

我们也许还需要用一到两章，才能完全说清楚本书所指的"负起责任"到底是什么意思，对你来说，它的内涵将远远大于指责、抱怨或者修复系统漏洞。它涉及的内容包括让你对指认出的不良行为进行反思，从讲述的故事中有所收获。如果你遇到的某些困难最终能转化为宝贵的经验，那么一旦太仓促地解决这些难题，你可能就会错过从中吸取教训和领会深层寓意的机会。事实证明，如果你不去解决问题，而是不放弃它们，期待它们来"解决你"，这样你会有更大的发展。这又是什么意思呢？

那些让你持续不断地进行学习的问题，就是能够"解决你"的问题。它们可以改变你的思维方式，我们称这些问题为好问题。面对这类问题，不要将它们太快跳过才是最明智的做法。就像当一个老师让她的学生花费整晚时间做一套数学试题时，她的脑子里究竟在想些什么？她真的在乎问题的答案吗？难道学生只是手工作坊的工人，热切地等着老师来为自己的劳动成果出价，而老师则把学生的答案当作待出售的便宜手工产品，只简单地给出正误反馈吗？

问题的关键并不在于学生能否给出问题的答案。事实上，如果学生轻而易举就解决了问题，那么老师就不会把这些试题当作好问题。让学习者解决问题不如让问题来"解决"学习者益处更多。好问题的解答应该要让学生费些力气，并能帮助学生改变对数学的理解。好老师则会通过有用的方法来给学生制造困难。他们给学生难题，是为了学生好。课程的意义就在于汇集对人学习有好处的各种问题。

作为成年学习者，你对丰富课程的需求不比学生少，自然也需要收集那些在自己承受范围内的好问题。但是，聪明的教育者不需要为人们编写课程，因为课程就蕴含在生活的课本里，和人们的日常经历交织在一起，等待着从刚刚被指认出的特定行为（正是那些不良行为让人们无法实现自己的愿景）中现出原形。从指责到担当，如表 2-5 所示。

表 2-5 从指责的语言到担当的语言

指责的语言	担当的语言
• 容易产生，出于本能，传播广泛；表达起来很自然、舒服	• 除非具有明确的表达意图，否则是一种相对罕见的、处于进行中的表达方式；表达起来通常令人感到不适
• 认为他人应该对个体愿望与现实之间的差距负责	• 表达个体自身的特定行为，承认是自己做了或未做的某些事情，使事实和承诺间产生差距
• 使讲话的人经常产生挫败感、疏离感和无力感	• 充分利用个人承诺的动态力量
• 经常激起他人的防御性	• 承认双方对愿望无法达成都负有责任，经常激发人们对此进行富有成效的对话
• 非变革性的，几乎没有别的作用，使个体将注意力偏移到自己无法直接改善的地方	• 变革性的；将个体的注意力引向自己所能最大程度改善的地方
• 充其量只能提出一些针对他人的问题	• 提出针对个体自己的问题

在第 1 章中，我们要求你不要完全摒弃你的抱怨、失望和批评，而是要在相处的过程中尊重它们，并继续深入分析，然后将它们转化为承诺的语言。同样，我们现在请你继续保留（而不是下定决心去仓促修正）那些破坏承诺的行为，这是为了让你深入地了解它们，从而让它们引领你走向一个变革性的（而不仅仅是正确的）位置。归根结底，类似新年宏愿的承诺之所以没办法纠正工作中的不良行为，是因为它蕴含了一种不把这些行为当回事的意味，同时也说明许下这些愿望的人们从根本上就不尊重自己复杂的内心。也就是说，人们忽视了产生这些行为的力量源泉。如果人们不能直接解决根源上的问题，那么这些行为将永远不会改变。

哪种语言形式可以让人们尊重自己的复杂性，并为此承担起更多的责任？在那些相同的不当行为之外，什么语言可以帮人们创造出能让我们有所收获的好问题？为了解答这些疑问，在第 3 章中，请你来看一看概念表的第三列。

从新年宏愿到对抗性承诺：探查阻碍改变的"免疫系统"

为什么仅靠下定决心去消除那些暗中破坏承诺的行为，也就是你写在概念表第二列中的行为，往往收效甚微呢？为什么你最诚恳的愿景和在新年时许下的让自己改头换面的宏愿，却只具有微弱的效力？我们已经给出解答：在工作中，也许还有更强大的力量隐藏在第二列所示的行为的背后，如果你看不透这些力量，那么它们就会继续操纵一切。这些力量又是什么呢？

激活个人担当的潜能

不妨仔细看看，在概念表的第二列中，你都捕捉到了什么（看看你在第 2 章中的成果）。如果你打算采取一些与第二列所示的行为不同的行动，你是否会产生一丝感觉，比如恐惧感或不适感，哪怕这种感觉十分模糊？

让我们先说说你可能会在第二列中填写什么：

当我按自己的需求完成任务时，我并没有真正站在老板的立场上。我只是一直按照他的计划表提交工作敷衍他，而不去跟他商讨，如果采用一个更切实可行的时间计划，工作可能会进行得更好。

我们想问你的是，如果你考虑去改变这种行为，你会不会产生一丝恐惧或焦虑的感觉，哪怕这种感觉十分模糊？也许你会回答："好吧，我担心老板会认为我并不能真正胜任这份工作。"或者是另外一种完全不同的焦虑感："我担心他会告诉我，他觉得差不多保证质量就很好了，'差不多'就已经足够好，而这恰恰是我最不愿意看到的事。"

现在，你也许会认为，恐惧就是我们所说的第二列中所示的行为背后更强大的力量，可实际上我们并不是这个意思。恐惧通常是不可见的，人们确实很少诚实地谈论自己的恐惧，或者听到他人谈论自己的恐惧，但恐惧本身并不是人们心中那种更强大的力量。实际上，恐惧是通往更强大力量的重要关卡。

如果仅仅心怀恐惧停留在这道关卡面前，那么你就只是在被动地对待自己的破坏性行为。你会说，"我害怕事物脱离控制""我害怕没有三思而后行"或者"我害怕发现别人对卓越的评判标准和我不同"，仿佛这是你的生命中难以承受的重负。"我害怕让他人感到不舒服"基本就等于"我得了感冒"或者"我的后背疼"。换句话说，你只是指出了现存的一种不幸状态。"我被这些事困住了，"你还可以说，"这些事就这么发生了，而且它们也不会轻易消失，就像一场慢性感冒或者背部疾病似的。

在承受着这些不幸的负担的同时，我依旧尽我所能地坚守着承诺。"

但如果能更主动地对待你的恐惧，去思考一下，或许你不只是感到恐惧而已，那么事情就不同了：你会发现，或许自己正积极地阻止这些令人害怕的事情发生。你可以说，"我害怕我提出的要求会被拒绝"，或者"我害怕发现老板的评判标准如此之低"。但换种说法就是另一回事，"我尽全力不要陷入会让自己感到失望的情况当中"或者"我不愿去探究老板真正的标准是什么"。一旦使用这种变革性语言，你就进入了一个完全不同的新世界。你越过了这道关卡，并向前迈进了一步，有可能发挥出更强大的力量。

我们认为，第二列所示行为背后隐藏着你许下的其他承诺。如果能辨认出它们，那么你的学习领域将更为广阔。你也许预料到了，在心理机制概念表的第三列中，我们会开始关注其他承诺。只要你这么做了，就再也不会回到旧的自我理解当中了。

接下来我们会一同进入一个更加立体的自我反思世界，这可能是本书中最难的一次概念飞跃。这需要一种奋不顾身的勇气，但只要能够做到这一点，你就会对自己的第三种力量（也就是那个让事情保持本来面貌的动态平衡系统）产生全新的看法。

第 3 种语言：
从新年宏愿到对抗性承诺

以下就是它的工作原理。如果你要采取与第二列所示行为不

同的做法，在辨别出由此引发的恐惧或不适感之后，你可以向前
更进一步，通过构建恐惧（尽管乍一听好像很奇怪），把它当成
对阻止令人害怕的事情发生的承诺。这就是概念表的第三列，标
题是"对抗性承诺"（见表 3-1）。

表 3-1 对抗性承诺

承诺	行为与承诺不一致	对抗性承诺	
我为了……的价值或者……的重要性而全力以赴			
以我自己的标准进行工作	当我按自己的需求完成任务时，我并不真正站在老板的立场上		

如果你害怕让老板认为你不能胜任这份工作而不敢告知他
完成任务需要更多时间，那么你也许会在第三列中这样填写：

"我的目标是要努力不让老板判定我的工作能力不足。"这个承诺非常合理（虽然人们经常不承认自己许下了这样的诺言）。如果恐惧更多地来自你发现老板并不真正在乎工作的完成质量，你可能会写，"对于老板乐意接受平庸这件事，我承诺不去盘根问底"。

我们知道这些承诺听起来有些古怪，一定很少有人把这样的感觉和想法当作承诺。注意，你不是必须要接受这些观点，你可以只是借用一下这些看法，在你阅读本书的过程中，看看还有没有一些新的或有用的观点出现。尽管人们并不认为自己会经常许下这种承诺，但如果真能把它们看作承诺，那么它们就不再代表着无法摆脱的烦心事，比如感冒或者后背疼痛，而更像是一种活跃而耗费能量的生活方式。这样的承诺不断消耗着人们的创造力，而这种消耗方式可能正是一条线索，引领大家发现动态平衡（也就是自我的"免疫系统"）是如何维系它自身的。

举个例子，你可以站在椅子上，高调地对同事宣布第一列中的承诺。你会说，"我们真诚地许诺，要更开放地相互交流"或者是"我们的领导风格要变得更具有包容性、协作性"，说出这些话，你打心底里是认真的。不过，你不太可能站上椅子，然后告诉自己的职业团队，"我承诺要按照自己的方式来做事""别去发掘那些会让我失望或沮丧的事"或者"要尽力得到爱戴和钦慕"。可是，这些话是真心话。

我们并不是在说，现在一个不怎么体面的真相终于浮出水面：你第一列的承诺只是虚伪、闪亮、假装出来的承诺，而第三列的承诺才是不加掩饰的事实本质。我们相信所有人都真诚地追逐着第一列中的目标，但我们也相信，成年人都是很复杂的。你可能许下了很多愿望，但在构建心理机制的过程中，如果再不做出一些不同的事来，那么你可能就无法创造出充足的能量去改变日常的工作模式。你的"反思"意味着修正只是行动的一部分。无论你多么努力地提高自己的领导力，它都不过是一种可以被轻易逆转的改变，你很容易就会再度回归现状。

过去，大多数人不知从何处形成了一个高度理想化的概念，认为卓越而优秀的职业人士可以筛除那些暴露人性的第三列承诺，避免它们产生干扰与混乱；那些平庸的职业人士只怀揣表面闪亮的第一列承诺，就像身披着一件耀眼的白斗篷。在本书中，我们并不喜欢用上述这种方式，区分能力超群和能力欠缺的职业人士。我们认为，没有任何一个人可以完全避免第三列承诺的影响。俗话说，在你心中，它们如影随形（wherever you go, there you are）。人们时刻和自己的第一列承诺在一起，也和自己的第三列承诺在一起。因此，我们认为这样区分更为妥当：一部分人知道他们的第三列承诺，而另外一部分人则并不清楚这一点。

在对此进行更深一步的讨论之前，我们要暂停一下，给你一个机会，让你写出自己的第三列承诺。简要概括如下：

（1）看看你在概念表的第二列填写了什么（从你第 2 章进行的工作开始）。

（2）如果你采取了与第二列不同的行动，你是否能辨别出由此产生的任何感觉，即使它非常模糊，比如一种恐惧或者不适。

（3）把这种行动当作一种潜在的承诺写进你的第三列，它要阻止让你害怕的事情发生。

像之前一样，如果你是和同伴一起做这件事的，你们可以花点时间了解一下对方的想法。

□ 使用第 3 种语言前的检查

在放手让你自由地去做之前，我们会给出一些提示，让你能够进行自我监测，看看自己是否身处正轨。当你审视一下自己的想法，或者看看自己在第三列中填写了什么时，你可能会因此感到惊讶，或者感到有些烦恼，你可能会对自己说，"我的天哪，我 10 年前就计划处理这个问题了，结果现在它还是这样"或者"我记得我曾经在几年前就想过这个问题，并且我告诉自己，我永远不要再想它了"。这些都是好兆头！这表明你开始进行反思了。

但是，如果你提出来的想法听起来十分崇高（"我承诺尽我所能，让我的部门表现更好"或者"我承诺给我的孩子更多时间"），那么就说明你脱离了正确的轨道。这类愿景当然是真诚的，也一定描述了一些对你十分重要的事情，只是它没办法让你构建起最强大的心理机制。如果你发现自己的新承诺听起来确实过于崇高了，那么我们建议你针对可能存在的恐惧、焦虑等不适，更进一步审视自己的新承诺。比如你可以问："如果我的部门不尽全力好好表现，那我会因此害怕什么呢？"如果你的承诺是要尽力避免让自己恐惧的事情发生，那么它可能是令人相当烦恼的。

从根本上来说，无论你在第三列中填写了什么，它们都应该具有以下特征：它指出了一种特殊形式的自我保护，这种形式的自我保护是你所承诺的，并且与你在第一列中的承诺相互对抗。

好了，现在去填写表格的第三列吧。在完成它之后，你就可以做好准备，来看看前两章中出现过的那三个人又有了怎样的概念表。

🕐

第一个人，你应该记得，以如下谈话作为开始：

在我们店里，没有人会真正和别人交流，因为大家都在谈论别人。没错，背后的闲言碎语里隐藏着难以置信的负面效应，它会折磨、消耗每一个人。人和人之间会产生问题很常见，但我们都不会直接去找那个和自己有摩擦的人，而是通过在背后和不相关的人聊天来解决问题。

在重新思考过第三列的内容之后，这个人对她的搭档说了这样的话：

我觉得我最害怕的就是人们在乱嚼舌根和散布流言蜚语，把我说成是一个难以应对的女人，你知道吧？比如什么活动家之类的。从内心深处来说，我可能真的就是一个这样的人，但我能预见，如果我真被贴上这种标签的话会有什么下场，我并不喜欢这样。我毕竟是一个女人。我希望人们在和我相处时感到很舒服，并且把我当作团体的一分子看待。我真的不想被孤立。

表 3-2 就是她的概念表现在的样子。

表 3-2　三列概念表的第一个例子

承诺	行为与承诺不一致	对抗性承诺	
我为了……的价值或者……的重要性而全力以赴		或许我也在尽全力去……	
在工作中更开放、更直接地交流	当有人和我的价值观不一致时，我从不当面说出来。我会偷偷和其他人说，并认为人们在背后相互谈论是没问题的	不要被人看作难以应对的女人，要让人们觉得我很好相处	

第二个人的对话开端如下：

如果我不用操劳得像个老妈子一样照看着这里的话，我可能会更好地成长和发展；如果我的下属不会为了每个细枝末节的决定来找我，而是自己成长，并且在他们负责的领域中变得更有自主性和责任感，我就能更自由地做事。

从这里开始，他列出了表 2-3，你在第 2 章中就见到过那张表。当产生与第二列内容不同的行为时，他会感到恐惧，其描述如下：

如果在员工要求我干预的时候我不插手，我会害怕他们认为我是一个抛弃了下属的领导者，从而对我产生不满。如果我更多地放权，把任务委派给别人，或是不参与这些工作，说实话，我害怕最后的工作成果会很糟糕，而且很多事情都会让我不满意。

在表 3-3 中，我们可以看到她的概念表现在是什么样子。

表 3-3　三列概念表的第二个例子

承诺	行为与承诺不一致	对抗性承诺	
我为了……的价值或者……的重要性而全力以赴		或许我也在尽全力去……	
支持员工发挥更大的主观能动性	（1）当他们要求我参与或者接管一切的时候，我没有拒绝 （2）我没有尽可能多地放权 （3）当我应该把工作下放给某个主管或特定领域的下属时，我却经常自愿参与相关事务	不让员工感觉被我抛弃；不让员工对我产生不满；不让工作成果低于我的预期标准，哪怕这样做会剥夺或不能赋予员工处置事务的权力	

第三个人最开始的谈话如下：

说实在的，我需要的是一两个像"我"这样的人为我工作，就像我为老板工作那样，这对我的发展是最大的支持。我需要负责的事实在太多了，以至于我一个人无法全部处理好，我知道我还有其他要做的事，可我又能怎么办呢？我需要一两个助手替我分担一些事，以减轻我的负担。

从以上谈话出发，她列出的两列表如表 2-4 所示，我们在第 2 章中已经见过了。在思考她的恐惧感时，她的内心独白一针见血："很明显，我讨厌一切激烈的冲突。让我做什么事都可以，只要别让我和一个成年人打斗、吵架或对抗。"

现在，她的概念表看起来就是表 3-4 的样子。

表 3-4　三列概念表的第三个例子

承诺	行为与承诺不一致	对抗性承诺	
我为了……的价值或者……的重要性而全力以赴		或许我也在尽全力去……	
保证充足的资源和额外的人员支持，使自己能够在工作中茁壮成长（而不仅是幸存下来）	我没有拒绝，或是说我也不知道该如何拒绝	不惜任何代价，避免一切冲突	

你现在应该也在第三列中写出一些东西了吧。无论你写了什么，有一件事是确定的：这些内容指出了一种特定形式的自我保护，无论你是否意识到，你都在竭力避免某些特殊的痛苦事件发生。如果说第一列的承诺是我们想带入人间的天堂，那么第三列的承诺就是我们正竭力避免让世界所沉入的地狱！就像乔治·奥威尔（George Orwell）在小说《1984》（*Nineteen Eighty-Four*）中的观点一样：每个人对于地狱都有自己特定的忧惧。第三列的承诺至少可以让你对自己特有的恐惧有大致了解。

□ 自我"净化"转变为对自我反思的承诺

我们的第三列承诺指出了比性情、特质和态度更重要的事情（比如"我不想让其他人感觉受到威胁"）；这些目标列举了一系列积极的付出方式（"我承诺不让其他人感受到威胁"）。这告诉了你在生活中有哪些重要的事需要去做，也提醒着我们，你当下的所有行为都出于一个强大、正常、人性化的动机：保护自己。自我保护并不可耻。事实上，抽象一点来说，自我保护显然是一种自尊的重要体现。

问题并不在于你想要保护自己，而在于你经常意识不到这一点。如果意识不到这是一种自我保护，你就会把第二列中的行为看作某种弱点，并下定决心勇敢地修正这些行为，从而"净化"自己做得更好。或者，如果个人担当的第一列承诺不能如预期般实现，我们就会倾向于推卸责任。

概念表前三列创造出一条通路：
我们的"免疫系统"出现了

到目前为止，你创建出的概念表前三列构成了所谓的"通路"，在医学中通常用来解释疾病的进程。第三列的承诺（以前面的第三个人为例，承诺"不惜任何代价，避免一切冲突"）会导致某些特定行为（"我没有拒绝，或是说我也不知道该如何拒绝"），而这些行为背叛了我们第一列中的承诺（"我承诺保证充足的资源……"）。

请注意，根据我们的解释，透过第三列来看，第二列的行为，也就是人们的"症状"，会完全呈现出另外一种面貌。现在，它们可不仅仅是职场上的不良或无效行为，正相反，对于第三列承诺来说，它们是完全一致、忠诚、高效，甚至绝佳的表达！如果你实际上的愿望是不被别人当成难以应对的女人，那么很显然，在别人违反你所重视的原则时，你当然不应该说出来，甚至应该比以前说得更少！这既不是在职场上不称职的行为，也不是马虎的表现，而是和你的第三列承诺高度一致的体现，是目标的高效达成。这恰恰就是你应该做的！如果你承诺不让自己的员工感到被抛弃，那么即使你可以把职权移交给下属，你也不应该拒绝亲自参与相关事务，甚至应该比以前做得更加细致入微。如果你承诺要避免冲突，那么不拒绝别人就正是你该做的事，你应该更少地拒绝别人！

我们认为，除非人们能先认识到这些行为是如何有效、一致地表达出第三列中这个更强大的目标（人们在与他人或者自我对话的时候很少提及这个目标），否则他们很难真正改变第二列中的行为。

唯一的问题是，这些得到高效执行并忠诚于第三列承诺的行为却颠覆了令人钦佩的、真诚追寻的第一列目标。第一列和第三列不可避免地处于相互矛盾的紧张关系中，然而这些承诺都是真实的，而且是同时被人们坚持的。这又怎么可能呢？

非常奇怪的是，尽管看起来有些违背常理，但要想维系一个还存在发展空间的心理系统，以上两种承诺之间的矛盾恰好是必需的。在某种程度上，如果这个系统是受局限的、不完整的、存在不足或扭曲失真的（这里说的其实是所有的心理系统，因为没有任何一个系统可以囊括万物，进化完全，完美系统在自然界中是一种罕见的、很难达到的终极状态），这些矛盾其实是普遍规则，而非例外。只要这个系统还在运行之中，这些矛盾的存在就不是偶然，而是必然。系统本身不存在完美平衡（几乎没有任何一个系统能维持完美平衡），只是通过对抗抵消的力量维持着平衡，但凡两股对抗力量中的任何一股被扭转，这个系统就会彻底倒转。

　　这种活生生的矛盾，也就是这些互相对抗抵消的平衡力，构成了本书所谓的第三种力量，也就是动态平衡进程，是它那惊人的效力让事情保持原貌。这是"免疫系统"的一个例子，是人们不断产生改变的抗体的方式。我们一直拿来举例的三个人列出了他们动态平衡进程的自定义版本（见表3-5）。（还有你，如果在阅读的同时也在构建自己的心理机制，那你就写出了自己的动态平衡进程。）

表3-5 "免疫系统"表的前三列

承诺	行为与承诺不一致	对抗性承诺
我为了……的价值或者……的重要性而全力以赴		或许我也在尽全力去……
在工作中更开放、更直接地交流	当有人和我的价值观不一致时，我从不当面说出来。我会偷偷和其他人说，并认为人们在背后相互谈论是没问题的	不被人看作难以应对的女人，要让人们觉得我很好相处
支持员工发挥更大的主观能动性	（1）当他们要求我参与或者接管一切的时候，我没有拒绝 （2）我没有尽可能多地放权 （3）当我应该把工作下放给某个主管或特定领域的下属时，我却经常自愿参与相关事务	不让员工感觉被我抛弃；不让员工对我产生不满；不让工作成果低于我的预期标准，哪怕这样做会剥夺或不能赋予员工处置事务的权力
保证充足的资源和额外的人员支持，使自己能够在工作中茁壮成长（而不仅是幸存下来）	我没有拒绝，或是说我也不知道该如何拒绝	不惜任何代价，避免一切冲突

无论我多么诚挚地许诺（就像表 3-5 中的第三个人一样）要保证我所需要的额外资源，我都有可能同时承诺要不惜一切代价避免所有冲突，因为两者是同时存在的，所以第三列承诺派生的行为就会破坏第一列的承诺。只要第三列的承诺还是概念表的一部分（每个人的概念表中都有类似第三列的承诺），那么无论人们怎么改变第二列所示的行为，都不可能产生持久的影响。

□ 第三种力量与引领变革

在更宏观、更广阔的场景里，这个事实就更清楚了。许多职业人士都曾尝试在他们一手塑造的机构中开启巨大变革。许多人都曾加入团体组织，寻找机会改善现状。近年来，对于工作环境，人们一直都在十分真诚地，甚至英雄主义般地尝试着"重新设置"，实现"全面质量"管理，使工作场所"更包容"或者"更扁平化"；人们可能在寻求整合"新技术"，更"以客户为导向"，更追求"创新计划"，或者忙于应对一系列兴起于领导者中的迈尔斯 – 布里格斯（Myers-Briggs）测验[⊖]。"变革"一词与"学校""医疗保健"和"法庭"等词如此紧密地联系在一起，以至于让人们产生了一种印象，那就是教育、医疗和法律等行业的组织总在持续不断的重组建构之中。现在的商业组织，无论是否处于新经济形势中，都一直承受着重组的压力，只为解决重大问题或是抓住一闪而过的机遇。

　⊖　迈尔斯 – 布里格斯人格类型测验（MBTI）：表征人的性格。在职业规划咨询中，这是重要参考标准之一。——译者注

当一群志同道合的人为了一个共同目标（譬如做出一些改变）聚集在一起，并且人数达到一定数量时，这就带来了一个共同的第一列承诺。我们通常将集体性的第一列承诺称为愿景或使命。高效的领导者一定会不遗余力地创造一个切实的愿景，一个尽可能得到广泛认可的共同承诺。但是，当领导者这么做的时候，可能只会培养出一种有益的语言，而要想成功，还需要产生其他语言形式。如果人们为公开的承诺培育出一种语言，却没有为我们隐藏的承诺培养出任何一种语言，那么会发生什么呢？

例如，在中小学教育领域中，课程开发者和学校改革者（无意识地）为 21 世纪的大部分变革做出了陈述。年复一年，整个学校、学校系统或国家改革运动都有一个明确的第一列共同承诺——要使孩子们接受教育的方式产生重大变革。而我们在前言中就说过，所有人都知道，那些追随着变革——这一美好愿景的人们，几乎总是在即将成功时功亏一篑。

这种情况在商界同样常见。愿景往往是很清晰的，但实际上什么都没有发生。计划已经得到完美制订，甚至都被公之于众了，然而它们最后的下场都是被束之高阁。众多公司甚至联合在一起，打算共同实施这些计划。跨国企业向咨询公司支付数百万美元，只为制订一个战略计划，而企业领导层觉得花在这上面的每一分钱都物有所值。"这些计划都很有意义，"领导者说，"我们想去执行这些计划，我们也一定会去执行的。"但事实并非如此。愿景是崇高而伟大的，但往往不会带来什么改变。雷声大，雨点小。

为什么愿景五彩缤纷，可是其结果往往如此苍白？为什么真正的改变鲜有发生？为什么改革者总是难以脱离过去的旧模式？

　　关于这些问题，人们已经有了很多答案，但是，责任经常被归结于他人或意想不到的障碍：

　　他们妨碍了我们。

　　有阻力。

　　期望值太高了，人们总是觉得我们可以做得又快又好。

　　和我们打交道的人太难搞定了。

　　我们没有充足的资源。

　　我们人手不够。

　　真正的改革发生需要 10 年时间，而平均来说，每个负责人的在任时间都超不过 5 年。

　　在最后关头，顶层管理者退缩了。

　　以上任何事情都可能是真的，但我们怀疑，就像 Pogo 漫画里说的（"我已经找到敌人，那就是我们自己"）一样，更大的问题可能在于改革者本身。无论人们为了第一列承诺（也就是愿景，领导者想带入人间的那个大众天堂）多么努力而真诚地工作，人们同时也可能在为那具有对抗性的第三列承诺（为了自我保护，为了远离在这世界上独属于自己的地狱）竭诚服务，而后者往往会更有效。

　　组织改革的进程中往往会遗漏一个关键问题。它基于一个简单的前提，并且会导向一个结论。这一前提是，对人们来说，如果不进行自我改变（至少改变一点点），那就不可能为系统或组织带来任何重大改变。由此我们得出的结论是，人们真诚而坚定地承诺去改变，但人们同时还暗自坚守着另一个承诺，它会阻止改变的发生。有关组织改革和变化的故事是如此片面，如果人们继续阳奉阴违，只讲述一半的真相，那就别期待着成功了。

如果人们说，"我没时间进行这么深刻的自我剖析，快行动起来吧，既然遇到了问题，那我们就赶紧解决这些问题"，那么到了最后，人们通常会很困惑，为什么那些美好的愿景都会走向令人失望的结局。我们早就知道，通往地狱的路都是以良好愿望铺就的，但我们还不能深刻理解，为什么人们会修建这样的一条道路。

□ 前3种语言共同创建了一幅缺失的地图

到目前为止，我们把前3种语言结合到了一起，这能让你做什么呢？答案可能有些令人失望：你已经看到自己的"免疫系统"，也就是第三种力量的面貌了，这个充满矛盾的系统一直在运行，导致我们在进行变革时几乎无能为力。譬如，在行使权威时，你可能下定决心要培养更为开放合作的领导形式，但你可能同时也在承诺要掌控一切，让所有事情都按照你的方式去做，或者让工作的结果达到你的标准。同时履行这两种承诺，会让你一直在和自己作对。

该如何看待这种自我矛盾的情况呢？一个合情合理的答案是，把这种情况看作一个麻烦，甚至还是一个很尴尬的麻烦。当然，我们不会认为它是有价值的。如果在面试快要结束时，未来的老板问，为什么他要雇用你，估计你不会回答："因为，我很专业，和公司有统一的奋斗目标……而且，对，我是一堆矛盾的集合体!"反之,人们倾向于把自我矛盾看作一个棘手的问题。大家都知道,在发现问题后,尽快去解决它才是态度正确的应对方法。不过,也有一种可能,那就是对这种矛盾采取一种完全不同的立场,就如沃尔特·惠特曼(Walt Whitman)所说:"我自相矛盾吗?好吧,那我就自相矛盾好了!我是辽阔的!我包罗万象!"惠特曼所言无论对他还是对所有人来说,都恰如其分。我们是辽阔的。我们包罗万象。

为什么要以一种更友好、更欢迎的态度对待自己的矛盾呢?如果你这样问一个发展心理学家(就像《希伯来圣经》(Hebrew Scriptures)中拉比希勒尔(Rabbi Hillel)被问到的那样),并且让其尽可能简要地阐释到底什么条件有助一个人的成长,得到的答案可能就像希勒尔说的:"需要支持和挑战的巧妙结合,剩下的是评价,去学习吧。"在第 5 章中,我们会直接指出支持的要素。在我们看来,内在矛盾虽然是矛盾,但它其实是变革潜在的重要资源。

在上一章的最后,我们总结道,任何丰富的课程都包含着一类问题,对于这类问题你现在可能无法解决,也不应该去仓促解决。为什么呢?因为能让我们有所收获的问题都是我们不太能解决的问题,我们会让这些问题更多地"解决"我们。在某种程度上,它们能改变人们的思维。这些是所有人都需要的"好问题"。在上一章中,我们想知道,什么可以帮助人们从不良行为(在第二列中填写的)中创造出一些好问题,让人从中有所收获。在这一章中,我们回答了这个问题:前 3 种语言结合在一起,就创造出了一个好问题。新年宏愿的语言与对抗性竞争的语言对比如表 3-6 所示。

表 3-6　从新年宏愿的语言到对抗性承诺的语言

新年宏愿的语言	对抗性承诺的语言
• 表达真挚而诚恳的心愿	• 表达真诚且秉承而来的抗衡承诺
• 产生面向未来的愿景和希望	• 产生内部矛盾或"免疫系统"
• 蕴含着很小的力量	• 蕴含着无穷（但还未解锁）的力量
• 目的是消除或者减少阻碍和问题行为	• 目的是识别出那些行为的源头
• 那些问题行为经常被看作软弱可耻的无能表现	• 识别出自我保护的承诺，问题行为恰恰高效而忠诚地践行了这种承诺
• 认为消除那些问题行为就能完成（第一列的）承诺或目标	• 认识到仅仅试图去改变问题行为是不能完成目标的
• 经常把无效的改变归咎于其他人、各种意想不到的障碍或者不充分的自控力	• 认识到人们内心愿望的本质是复杂而矛盾的
• 尽管有良好意愿，却不具备变革性，很少带来重大改变	• 具有变革性；通过确认"免疫系统"是让改变如此困难的罪魁祸首，反而能增加重大改变发生的可能性

　　如果你在家独自阅读本书，并且完成了概念表的前三列，那么你就可以看到自己"免疫系统"的初稿了。你不再像鱼在水里一样完全沉浸在这个系统当中，而是已经建立起一种技术，使用这种技术足以让你初步了解这个系统。有些矛盾的是，首先，看到这个系统会让你更透彻地了解为什么（如果所有事物都保持原样）真正的改变很难发生。然后，你会向着真正的改变（所有事物都不再保持原样了）迈出第一步。只要能够看清这个系统，你就不会再被它束缚。但是，当然了，为了带来真正的改变，达到想象中的负熵跳跃，我们必须打破这个平衡，而不仅是看着它却什么都不做。为了增加打破平衡的可能性，你必须进一步探索这项新技术。它一定提供了工具或手段，让人有潜力打破形成现状的基础，打破正在维持的平衡。为了做到这些，我们需要第 4 种语言。

从制约你的大假设到你能驾驭的小假设：假设而非真理

个人学习新技术的四列概念表目前还不完整，但它的形式已经越来越清晰：它发现了一个内部矛盾，这个矛盾是由你创造的，你也生活在其中。它展现出平衡系统那具有迷惑性的面貌。它还描绘出一直阻止你改变的"免疫系统"，或者也可以将它称为一种"心理机制"，你精心构建了它，但还没有来得及将它投入实践。如果你真的运行了这种心理机制，又会发生什么呢？答案是，可能会产生一个我们所谓的"大假设"。

默认模式：被当作真理的假设

什么是大假设？我们的说法是，如果我们不把假设看作设想，而把它当作真理，那么这个假设就太"大"了。在字典中，所谓假设，是指结果的真相还不明确；假设的结果既可能是真的，也可能是假的。但是，人们认为大假设的结果是真的。也就是说，人们毫不怀疑地认为，水是潮湿的，桌子是坚硬的，再比如，如果我们和某人对峙，他就会变得极度生气和沮丧……好吧，最后这个例子的场景简直是世界末日。这么说吧，人们并不把冲突（或者他人对个体的看法，个体能否继续掌控一切，以及在第三列中出现的行为）仅仅看作假设，而是把它们当作真理。被当作真理的假设就是我们所说的大假设。它们不是个体所能驾驭的假设，而是制约个体的假设。

人们的大假设几乎是在命名一种不可言喻的、难以把握的东西，类似于那些具有调控意义的准则，而人们正是用这些准则来塑造自己生存的世界的。本书作者和使用这些语言形式（大假设的语言）的人们进行着密切接触，因此产生了一种深切的同情：大多数人都在他们假设的世界中拼尽全力，勇敢而高效地工作着。你可能遇到过这样的人，也可能和他们共事过，你觉得他们不正常，具有破坏性，甚至自我毁灭性。如果你能准确地识别出这些人的大假设，那么尽管你也许依旧会认为他们的行为是具有破坏性或自我毁灭性的，但至少你可以理解他们的行为了。你甚至会说："如果我也有类似这样的'大假设'，我很可能也会以这种破坏性的方式行事。"

□ 童年中的大假设

成年人已经具有现实结构的概念，这让他们觉得儿童故事总是充满天真的快乐。有两个孩子在学校了解了印度文化，在放学回家的路上，两个孩子继续谈论相关的话题。其中一个孩子注意到一个代表宇宙的标志，图像是整个世界都被一只大象负在背上，而大象又坐在一只乌龟的背上。"我能理解世界怎么会在大象背上，"这个孩子说，"也能明白这只大象怎么会在乌龟背上。但是乌龟呢？乌龟又是在什么的上面呢？"然而，另一个孩子并不为此感到困惑。"我觉得，"她说，"乌龟的下面就都是乌龟了吧。"

还有一个故事。一对父母问他们快六岁的孩子在过生日时想要什么礼物，孩子说想要丹碧丝（Tampax，卫生棉条的品牌名称），他的父母十分惊讶。但是，作为现代父母，他们决定和孩子好好谈一谈。"好吧，为什么你想要卫生棉条做生日礼物呢？"他们问道。"因为有了卫生棉条，"孩子这么回答，"你就可以去骑马，可以去滑水，可以做任何事了！"

在这些有趣的故事背后，可能隐藏着一个略带优越感的前提。我们认为，孩子的想法之所以这么可爱迷人，部分原因是他们对于现实世界的运作方式只具有模糊不清或不完整的感知。进一步推断，孩子与成年人的一大区别就是，成年人明白一些孩子现在还不明白的事。孩子看待一切都隔着玻璃，模模糊糊，而成年人却可以看清事物的原貌。这一类观点认为，成年人掌握的概念更为明智。也就是说，这个世界上有两种人，有一种还在继续成长发展（并且需要成年人的照顾和智慧支持）；另一种人已经完全长大，并且成长完毕了。

□ 成年后的大假设

恰恰相反，我们并不认为成年人的概念就是非常有益或者准确的。不是只有孩子的世界观才不成熟，这些故事也不是只讲给孩子听的。18 世纪 50 年代，英国通过了一项有关历法的改革，规定该年的 9 月 1 日为 9 月 12 日。成千上万的人向政府强烈抗议，理由是他们因此被剥夺了 12 天的生命！（我们最近把这件事讲给一个朋友听，她听完之后笑了笑，小声说："换作我也不喜欢这种事，因为新英格兰的一年里我最喜欢 9 月，那时候有秋天的落叶，一切都很美好，这个季节被缩短真是太讨厌了。"）

就在最近，英国通过了一项货币制度改革政策，将旧便士制度改为新便士制度。针对这一货币制度改革，一项研究对老年人的适应程度进行了调查，其中一个老绅士说："我觉得这对我们这些老年人来说真是太困难了。为什么他们就不能等所有老人都去世之后再改革呢？"

一位澳大利亚妇女在美国休了一次年假，她告诉我们要适应那里的驾驶方式对她来说太困难了。"你不仅要在马路上错误的那一侧开车，"她说，"甚至方向盘都在错的那一边。简直没法跟你说，不知道有多少次，我好不容易挤进了右侧驾驶座，却发现自己坐错了位置，只能再出去，去另一侧车门。有一次我正好走神了，坐在了车的右前方，拿出我的车钥匙，然后抬头一看。'我的天呀，'我对自己说，'美国的情况都已经这么糟糕了吗，这些人怎么连方向盘都偷啊！'"

当然，方向盘其实就在她的左手边，与她只有一臂之遥，但重要的是，为什么一个人要去用眼睛看呢？如果人们已经知道这个世界是如何运转的了，并且这就是大假设的运行方式（它创造了确定性），那人们还有什么必要去寻找另外一种不同的现实？

在我们看来，过于依赖自己的固有观点以至于把它们当成现实，这种情况并不是孩子所独有的。从固有的观点中跳出来真的非常困难，成年人要做到这一点甚至比孩子更难。在一个工作日的早上，一位母亲正在给儿子准备早餐。从儿子的卧室里没有传来任何准备出门的声音。于是她走过去，想看看儿子在做些什么，却发现儿子的房门紧锁。

"你还好吗？"她问。

"我好着呢，"儿子用一种非常挑衅的语气说，"只是今天我不去学校了。"

"好吧，"母亲说，"那你能不能给我三个合理的理由，告诉我你为什么不想去学校？"

"我不喜欢学校，"儿子说，"老师不喜欢我。我害怕孩子们。这就三个理由了。"

"这是三个理由，"母亲表示同意，"现在我要给你三个合理的理由，告诉你为什么你必须马上去学校。第一，我是你的母亲，我认为去学校很重要。第二，你 53 岁了。还有第三，你是校长！"

也许，在任何年纪"离开家"都是很困难的。当然，我们所指的"家庭"或"卧室"其实是人们已经形成定式的思维习惯，人们装饰着它，越来越熟悉它，并且在要离开它时小心翼翼，充满警惕。

□ 一个演示默认模式的小练习

以下的小练习将快速、清晰地告诉你，打破固有观念是一件多么困难的事（这个练习出自琳达·布思－斯威尼（Linda Booth-Sweeney））。把你的笔（或手指）指向天花板，然后沿顺时针方向画一个圆，就像沿顺时针在天花板上画一个圈一样。继续顺时针画圆。现在（同时继续保持笔在沿顺时针方向画圆）慢慢把你的手臂垂直向下移动，让笔或者手指始终保持指向上方，直到你可以在与胸平齐的位置画这个圆。继续画圆。现在从上面往下看这个圆。你的笔现在走向如何？变成逆时针方向了，对吗？

我们在很多公开场合中都这么做过，在一片笑声中，总是有人这么说："它自己跑到另一个方向上去了！"

是"它"跑到另一个方向上去的吗？好吧，那你再试一次。这一次，在从头顶到下巴移动胳膊和把笔放低的时候，你可一定要小心了。在转动笔的时候你可千万不要改变方向。让它一直保持顺时针方向。那么，这一次，当你向下看这个圆的时候，发生了什么呢？"它"还是"转换"到了逆时针方向上，对吗？

挣脱固有观点实在是太难了，即使你的观点确实转变了（就像这个具有欺诈性的小练习要求你做的一样），你还是倾向于认为是这个世界本身而不是你看待这个世界的方式发生了转变。（"它自己跑到另一个方向上去了！"）

很多打着职业发展旗号的事物都能帮助人们提升应对问题的技术和能力，然而这种应对方式受到个体所持假设的限制。这个假设的世界本身从来不受质疑，甚至是不言而喻的。我们提出的这些转变方法，能帮你跳出这个被假设制约的世界，这样你就可以停下来，审视一下塑造了这个既定世界的准则，从而优化你的职业发展。

当然，这件事做起来并不容易。如果你继续阅读本书，就可以了解一些非常实际的方法，通过这些方法，你可以增强自己的精神力量，从而去观察这些仿佛是遮挡在眼前的镜片般的假设。

但是，为什么这件事做起来这么困难呢？因为观察你的假设，就等于把"现实"和"你塑造现实的方式"分开。这意味着要去思考，你的"观念"也许并不完全等同于"事物本身"。

这是对现象（被塑造的现实、人们对事物的体验）和本体（事物的本质）所做的经典哲学区分。当代建构主义思想的特点就是主张人在积极地理解、塑造现实，组织经验。心理学家威廉·佩里（William Perry）说："有机体都在进行组织，而人类有机体是在对意义进行组织。"既是哲学家又是小说家的阿道司·赫胥黎（Aldous Huxley）写道："我们的经历不是发生在我们身上的事，而是我们对发生在自己身上的事的理解。"

第 4 种语言：从制约我们的"真理"到我们能驾驭的假设

要认清你与自己观点的关系（而不是被观点所束缚），第一步就是要让你的大假设显露出来。构建心理机制就是为了让每个人做到这一点。具体要怎么做呢？再看看你在第三列中写了什么（回顾一下在第一部分的前三章中你都写了什么）。你手边的这些材料组成了一个假设性的句子主干，这就是大假设的初步声明。如果你的第三列承诺中有否定词（比如，"我承诺不要被看作难以应对的女人"），那么就修改一下句子，去掉那些否定词，形成一个这样的句子主干："假设一下，如果我被看成难以应对的女人，那么……"

如果你的第三列承诺中没有否定词（比如，"我承诺不惜代价去避免一切冲突"），那么就加上否定词，形成以下这样的句子主干，"假设一下，如果我没有避免所有冲突，那么……"

在你建构完这样的句子主干后，下一步就是快速而诚实地把句子补充完整："……那么，我会感觉怎么样呢？"

根据上述指导，参考你的概念表的第三列，去掉或加上否定词，在第四列填写一个假设的主干（到"那么……"这个词为止）。第四列的标题是大假设。我们现在想让你看看，你是否能够诚实而快速地将第四列中的句子补充完整，从而得出一个自己的大假设。

○

概念表第四列是通往大假设语言的一扇大门。看看其他人是如何完成他们的句子主干的，你就会明白，这种语言形式到底说明了什么。

第一步，还是来看看我们一直在举例的三个人（他们的前三列见第一部分第 3 章末尾的表 3-5），从他们的第三列中派生出了怎样的句子主干。

第一个人的否定性语言"不被人看作难以应对的女人……"变成了"我假设，如果人们真的把我看作……"

第二个人的否定性语言"不让工作成果低于我的预期标准……"变成了"我假设，如果我下放了职权，工作的质量确实没有达到我自己做时的标准……"

第三个人转变的是肯定性语言，"不惜任何代价，避免一切冲突"变成了否定性句子主干，即"假设我不能避免冲突，那么……"

以下就是这三个人在他们的第四列中填写的内容（排序同上文顺序）：

假设一下，如果人们真的把我看作难以应对的女人，那么我最终就会被完全抛弃，除了最正式和最基本的工作联系之外，我和办公室里的其他人不会有任何交集，然后我就会发现，工作变成了一场噩梦，而我永远不会从中醒来。

假设一下，如果我下放了职权后，工作质量确实没有达到我掌控一切时所达到的标准，那么我就会被看作一个失败者。

假设一下，如果我不能避免冲突，那么我就会陷入不可控制的愤怒当中。

当然，这些只是三个大假设的个别例子，而你自己第四列中的大假设是独一无二的。非常有意思的是，我们发现有些人的假设性主干是相似的，但是当补充完整后，产生的句子却截然不同。比如，一些人可能会和上面的第三个人有很相似的句子主干，但是填写完成后，整个句子会变得十分不同：

假设我不能避免冲突，那么……

……我会经常感觉自己争强好胜，非常没用。

……我会一直焦虑不安，忧心忡忡。

……其他人很快也会发生冲突，所有工作中的友好氛围都会消失不见的。

……我会从别人那里发觉这是一场灾难，我永远没办法让这件事翻篇。

……我会哭的。

使用第 4 种语言的检查点

虽然以上五种大假设看起来如此不同，但它们依旧存在着某些共同点。之前的三个例子各不相同，但也有共同点。你的大假设可能和以上这些都不一样，但也极有可能具备相同的特质，即当你完成这个句子后，它所陈述的结果往往相当可怕。一般来说，大假设都遵循以下形式：

假如我一直在努力避免的事情就要发生了，那……好吧……我会死的！（……肯定会死人的！……那就是世界末日了！）

换句话说，这些大假设使人们进入了一个极为重要并且绝不平凡的领域。人们在害怕不良后果或者担心违反根本原则过后，可能很快就会产生这样的想法："但我知道这可能不是真的。"可是你必须承认，你实际上表现得就像那些可怕的结果真的会发生一样。无论为自己的大假设做了多么合理的免责声明，你都必须承认，在某个看不见的隐藏地带，大假设正在支配着你。

或许，当大假设出现在眼前时，你的反应是："这根本不仅是'假设'，这绝对就是事实！"这可能是事实，也可能不是。你所经历的现实说明了"大假设制约着我，而并非我驾驭着这些假设"这一现象意味着什么。另外，我们可以确定的是，你永远没有机会去探寻大假设到底是不是真的，除非你将它放到眼前，并去正视它，进而开始认识你和它之间的联系。

就像《夺宝奇兵》中印第安纳·琼斯（Indiana Jones）的遭遇一样，你被这些大假设带到自己的魔宫（Temple of Doom）

面前。它们似乎在警告你，你的宇宙秩序将被扰乱。它们告诉你，如果原始的神祇遭到严重的冒犯，它们就会向你投掷闪电。

大假设的语言是一种令人耳目一新、鲜有听闻，但是可以被瞬间辨认出来的对话形式。当我们和一大群人一起工作，邀请他们描述自己第四列的内容时（如果他们愿意的话），有时，我们所听到的内容让人忍俊不禁；有时，我们会惊叹于他们敏锐的洞察力、诚实的勇气或他们同伴宝贵的陪伴；有时，他们让我们在沉默中深思，一个大假设虽然是不可见的，但依旧会对人们产生巨大的影响：

假设一下，如果完全了解下属的真实想法，那么我就要对成千上万的事情负责，就会被这些事情压垮。

假设一下，如果人们和我相处时感到特别舒适，并且我与这个团体中的成员相处得越来越融洽，那么我就会成为一个让自己讨厌的人，我会成为他们中的一员，从而失去自我认同，失去和我的同类的联系。

假设一下，如果告诉了别人我真正的想法，那么我就会被开除，没人会雇用我，我会破产，然后我的家人就只能睡大街了。

假设一下，如果我真的花费时间去努力实现目标，那么我就会发现其实自己根本不能实现它。

假设一下，如果我真的能审视某些隐藏在自己意识深处的想法，那么我会极度厌恶自己，以至于根本没办法生活下去。

假设一下，如果我真的想要解决这件事，那我就不得不放弃我的工作（或者我的婚姻）。

假设一下，如果我拒绝和他们一起"嚼舌根""聊八卦"，那么就不会有人再来找我谈心了，而我就会失去这种在工作中很有价值、很特别的感觉。

四列概念表：更充分的"问题空间"

现在，你已经完成了四列概念表的第一版草稿，这是关于你的心理机制和个人学习新技术的概念表。你的工作还远没有结束，实际上，这才刚刚开始。但是，到目前为止，你该怎样理解自己的所作所为呢？

很明显，概念表不是为了提供一个方案，去解决第一列中提出的问题，也就是那些你真诚许诺却没有实现的目标，而是向你展示一些语言形式以创造出一个更完整也更令人满意的空间。身处其中，你可以思考和体验这些问题。从某种意义上来说，问题不仅没有得到解决，反而还被扩大了！你拓宽了它，然后去探索问题的根源。你没有像激光扫描一样，集中精力解决某个特定问题，而是在这个问题周边到处挖掘，把事情搞得一团糟，但你是出于特定的功能论（以及教育学、心理学和领导力）观点才这么做的。

功能论角度的观点是，对于一些问题来说，特别具有针对性和明显成本很低的解决方案往往是徒劳无功和不经济的，因为问题会以不同的方式重复出现。

教育学角度的观点是，如果你可以忍受一些问题存在，而不去仓促地解决它们，它们就能教给你很多东西，从而你可以提升自己。

心理学角度的观点是，质变（真正的负熵发展）的基础架构或变革性语法是从主体到客体的运动。也就是说，你可以不再被自己产生的认识束缚，而是将产生认识的运动转换为你可以正视、复验，甚至可能改变的对象。

领导力的观点是，除非能够认识到那个不断产生着抗拒改变因子的动态"免疫系统"，否则我们不可能发生任何重大改变。

回头看看，每个四列表都是一个力量强大的故事（见表 4-1）。如果把人们第四列的大假设当作真理的话，那么不难理解，所有人都会努力用第三列的承诺保护自己。个体以第二列中的方式行事，其实是在忠实、有效，甚至出色地履行第三列的承诺，而这些行为方式又持续不断地破坏着个体真诚许下的承诺（就是那些写在概念表第一列中的目标），让人无法彻底实现自己的愿景。这是一条通往地狱的路，但通过画出一张更完整的概念表，你也许能找到脱离这条路的办法。

之所以说这是一张更完整的概念表，是因为一般的反思通常只会止于这张表的第二列。通常，人们会明确阐述一个目标、愿景或是承诺（第一列中的承诺），并且通过一些方式，探索自己是怎样阻止目标、愿景或是承诺实现的（第二列中的行为），但是然后呢？人们认真采取行动，消除第二列中的错误行为，努力缩小它们的影响，好像它们是癌症或者肿瘤一样。

表 4-1　概念表的四列版本

承诺	行为与承诺不一致	对抗性承诺	大假设
我为了……的价值或者……的重要性而全力以赴		或许我也在尽全力去……	假设一下……
在工作中更开放、更直接地交流	当有人和我的价值观不一致时，我从不当面说出来。我会偷偷和其他人说，并认为人们在背后相互谈论是没问题的	不要被人看作难以应对的女人，要让人们觉得我很好相处	如果人们真的把我看作难以应对的女人，那么我最终就会被完全抛弃，除了最正式和最基本的工作联系之外，我和办公室里的其他人不会有任何交集，然后我就会发现，工作变成了一场噩梦，而我永远不会从中醒来
支持员工发挥更大的主观能动性	（1）当他们要求我参与或者接管一切的时候，我没有拒绝（2）我没有尽可能多地放权（3）当我应该把工作下放给某个主管或特定领域的下属时，我却经常自愿参与相关事务	不让员工感觉被我抛弃；不让员工对我产生不满；不让工作成果低于我的预期标准，哪怕这样做会剥夺或不能赋予员工处置事务的权力	如果我下放了职权后，工作质量确实没有达到我掌控一切时所达到的标准，那么我就会被看作一个失败者
保证充足的资源和额外的人员支持，使自己能够在工作中茁壮成长（而不仅是幸存下来）	我没有拒绝，或是说我也不知道该如何拒绝	不惜任何代价，避免一切冲突	如果我不能避免冲突，那么我就会陷入不可控制的愤怒当中

为领导者准备的课程：
组织水平的动态平衡进程

要想看到集体层面上的动态平衡进程，你只要关注一下集体组织为改革做出的努力就行了。请考虑一下美国如今最常见（也是最令人钦佩）的集体愿景：尽全力尊重多样性，并具有包容性。一旦人们对这种愿景达成高度共识，集体组织就有了一项可行的任务：共同承担第一列的承诺。这一承诺存在于教室、办公室、学校和工作场所中，不同人种、性别、族群、性取向、学习能力和身体素质的人都应该感到舒适而受到尊重。这个承诺的另一种表达方式是"任何一个边缘团体都不应该觉得自己不能发声或是受到排斥"，这一愿景反映了美国民主实践的精华。为了履行这个承诺，高效的领导者会带领集体参与到共同的自我反思中去（有时被称为多样性审计），这个过程往往是勇敢而令人痛苦的。这一过程揭示了组织或组织中的政策、行为和成员是如何在有意或无意间排斥组织成员或阻止组织内部成员发声的。这些活动正好可以作为第 2 种语言的练习，这是一种集体组织版本的关于担当的语言，而那些错误行为的例子被罗列在概念表的第二列中。那么，现在该怎么办呢？

下一步计划是去想办法缩短第二列中的这份"耻辱清单"，解决掉这些阻止改变发生的障碍，一个接一个地去打击那些违反承诺的集体或者个人。这个计划完全符合逻辑，并且合情合理，甚至是十分勇敢的。高效而认真负责的领导或领导团队在诊断出机构中的"癌变肿瘤"后，便开始运用化疗或放疗般的组织方法，尽可能地缩小这个"肿瘤"。然而，经验告诉我们，它只有一个小小的缺陷：它没什么作用。实际上，这样做不过是在许下新年宏愿。

关于如何采取更有效的下一步计划，我们的建议是，使用第3种语言。显然，这看起来不合逻辑，而且违反直觉。如果领导者接下来准备构建一个足够安全的"容器"，用它容纳第二列中那些来之不易的认识，结果会怎样？如果他们这么做了，从而让整个系统与其中的成员认识到，正是存在于人们中间的其他对抗性承诺、内部矛盾和它们揭示的大假设，带来了那些不良行为，又会怎么样呢？如果不去坦荡地认识（大胆一些，不如说"如果不去包容"）这些错误行为，人们就无法追溯它们更深层的来源，多种多样的"组织清理"只能成为一种政治正确的行为，就像是除草剂，它只能击退那些暂时的、表面的问题。新的问题很快就会出现，而且会更强大，也更具抵抗力。

卓越的领导者需要培养一种语言环境来揭露组织中的矛盾，从而不会把集体中的某些人当成替罪羊。如果组织中的大多数人不去探索个人矛盾和大假设，那么组织就不可能在整体系统层面进行这样的探索。很有可能，在构建这张四列概念表（也就是在对这一通往"地狱"的道路进行完整描述）时，人们也能找到脱离这条道路的机会。

"注视"大假设而非通过大假设看待问题

到目前为止，你所做的工作已经能够让你接触到自己的内部矛盾和大假设了。这对你创造个人价值和未来的行为又有什么作用呢？我们的答案是：除非你采取行动去继续深挖这些具有变革潜力的问题内核，否则你所做的一切将没有任何意义。

在缺乏行动支持的情况下，你会陷入拖延，你会想："嗯，这很诱人，也很有趣。我需要多想想。我应该再多想想。我会多想想这件事……明天吧。"就像斯嘉丽·奥哈拉（Scarlett O'Hara）在《飘》（Gone with the Wind）中那样，你会在"明天"再思考这件事。

"上天啊，给我力量吧，"圣奥古斯丁（St. Augustine）说，"让我过上更纯洁的生活，但不是现在！"你刚刚发现的问题很快就会从视野中消失。它们将进入所谓的"遗忘之海"（the sea of forgetfulness），随风飘逝。通过努力学习新技术，你才能重新识别出那些刚刚被发现并转变为客体的关注对象，直到它们再次变成你看待问题的方式。它们不是你所看到的东西，而是你透视的镜片，是你看这个世界的镜头。

那么，为了维持与这些想法的关系，你最需要的是什么呢？首先，你需要同伴，他们能帮你记住那令人烦恼的念头，让这些念头时刻浮现在眼前，它们会引导你从固化的思维习惯中走出来，这样你就能维持住现在的想法。在开展学习小组活动的过程中（有时人们也称之为"假设小组"或是"变革性学习小组"），我们经常发现，在第一次详细列出四列概念表的几周之后，小组成员重新集合，他们尴尬地承认已经回想不起来自己的内部矛盾是什么了。

为什么会这样？不是因为这些人太忙了，没办法抽空记住自己的内部矛盾。这其实是被心理学家称之为"压抑"（repression）的完美案例。压抑是一种故意的遗忘，这种遗忘有正当的理由，通常是因为记住这些事情会给人们带来麻烦。在现在所说的情况下，这个麻烦就是要脱离人们已经形成定式的思维习惯。

人们需要同事、愿意合作的伙伴、可以交谈的人，双方可以倾听彼此的心声。我们需要一个小小的"新语言社区"，在这个空间中有益的语言氛围浓厚，并得到实践和保护，也就可以暂缓遗忘。记住，这个社区可以非常小，哪怕仅有两个人也可以。

在这些有目的的语言社区中，除了尽量利用其他成员帮你记住那些很容易在视野中消失的内部矛盾和大假设，你还能做些什么呢？稍后在第8章里，我们会直接把你带入这样的社区团体当中，促使你继续积极学习这些语言。但是，就目前来说，你只需要简单了解一下这部分内容，这样你就能明白概念表的作用，并且还能发现一个全新的目的地，它与"地狱之路"的终点完全不同。从通过大假设看待问题转变为"注视"大假设的过程有四个基本步骤。

□ 第一步：观察自己和大假设的关系

在人们讲解了自己的四列概念表，并开始互相了解各自的内部矛盾和大假设之后，我们建议他们在下次小组集会（可能是一周、两周甚至一个月后）之前先完成一项任务：我们要求人们不要试图改变任何想法或行为，而是去做一个更好的观察者，观察自己和大假设之间的关系。具体来说，我们要求他们观察，把大假设当作真理之后会产生什么结果，并对此进行跟踪，看看发生了什么事情，又有什么事情没有发生。在小组重新集会时，人们将有机会讲述和倾听他们的发现。

就像大多数小组会议一样，再度集会时，人们的叙述产生了和在四列表创建之后的对话的相同效果。大家诚实地描述了自己（在复杂的荣光之下）的真实心态，这些描述是那么真实且令人备感熟悉。人们往往很少如此诚实地展示自己，因此，这些描述通常会引来许多笑声与赞赏。

这个特殊会议的主题是，把大假设当作真理会在多大程度上影响人们的生活、选择和经历。我们看到，大假设既会出现在人们预料到的地方，也会出现在意料之外的地方。这通常会让人们产生继续探索的动力。如果注意到有些事情会对生活产生较大影响，人们往往也会对这些事情满怀好奇。好奇心是学习最重要的驱动力。

□ 第二步：积极寻找那些让我们对大假设产生怀疑的经历

当小组成员完成第一步后，我们就来布置下一项任务。我们要求他们，在下次召开小组会议之前不要试图改变自己的任何行为和想法，但是这一次，要留意寻找所有让他们对自己的假设产生怀疑的经历。把假设当作真理是广泛而普遍的，但只要观察到一个假设被驳回的例子，就应该考虑它可能不是真的。

在心理现实中，我们总是碰到大假设的反例。但是把假设当真理太普遍了，如果没有一个维持和保护反例的语言空间，它就没办法对现状产生任何影响。为什么会这样？因为大家都是诡计多端的人，尽管有令人不安的证据质疑了宝贵的假设，但人们会系统性地将这些证据忽略掉。

大假设就像是最受人推崇的猜想，而人们就像某些科学家，在遇到一些驳斥自己假设的数据时，会说："哎，这些数据也太糟糕了！"于是这些数据不被采用，我们宝贵的假设也就不会被驳斥。但是，如果人们能警惕地搜集这样的反例，把这些样本带回小组进行审查，并抓住机会去谈论和嘲笑它们，我们就不会被假设操纵，而是在认清假设的进程中又迈出了一步。

□ 第三步：探寻大假设的历史

第三步是让人们在集会的间隔花些时间，反思他们大假设的"传记"。它是何时诞生的？你有这个想法多久了？你认为它源自何处？你往往不会在最近检查产生它的早期基础，那这些基础又是什么？这样的早期基础现在来看还令你满意吗？

第三项任务引发的对话往往会让小组成员追溯到自己的早期生活经历。我们发现，大假设在很久之前就开始产生了，通常产生于人们成年以前，远远早于他们开始从事目前工作的时间。大假设经常源于家庭，在弱小的孩童时期，人们寻求发展和成长的世界很大程度上是由家庭定义的。

这些对话不一定会让个体对自己的大假设产生怀疑，但是它们的确会让人开始审视支撑大假设的基础。我们认识到，尽管大假设曾经可能是正确的，甚至可能在目前的世界中也是正确的，但是它所依赖的基础现如今已经不合时宜。个体现在拥有的力量已远远超过孩童时期，并且他们现在身处的世界也绝不再是由父母和家庭根源来塑造与定义的了。个体依然可以重新确认长期持有的大假设，但是它需要一个新的基础，这个新的基础要更适合目前的现实情况和现在的自我。

□ 第四步：为假设设计并运行安全而适度的测试

第四步是让小组成员设计一些安全而适度的测试来测验大假设。只要他们决定进行这些测试，那么现实中的第一步行动就开始了，人们开始改变自己惯常的行为。这一行动的目的是观察会发生什么，根据大假设获得个人和群体内反映出来的信息。在这种情况下，他们所采取的行动通常不再基于视大假设为真理。

重要的是，计划进行的测试是安全的。我们在小组中集思广益，思考可能发生的事情，并衡量成本，比如我们最坏的猜测会不会最终得到证实。如果成本高到会对大家持续的努力或组织的福祉造成威胁，那么我们不会进行这样的测试。我们并不提倡让人们走向他们心中平坦世界的边缘，双手握拳放在背后，然后膝盖弯曲，义无反顾跳进他们所认为的死亡中。

这就是为什么我们说这个测试是适度而安全的。它通常从很小但是新奇的变化开始，用于观察自己都学习到了什么。通常，人们需要一个可靠的同事给予反馈（比如，在一次员工会议上尝试一种新行为，然后问问朋友，他对其他人的反应有什么印象）。

这些测试让人们重心平衡地站在坚实的地面上，然后小心翼翼地把脚趾伸到根据假设创造出的世界边缘，去看看在那以外是否还有空间，也许就像哥伦布的船员所发现的，世界与人们想象的不同，它可能还存在另外一种形状。只要这些测试经过了小组的评议和审查，接下来就会开始运行，之后的小组会议就能去思考测试的结果及其对大假设的意义。在一轮适度的测试后，可能会有一些稍大的测试。当人们开始相信，在大假设的想象极限之外，还有另外一个坚实的空间，他们就会转移自己的重心，移动到新的空间中去。通过迈出这样的一小步，人们就从固化的思维习惯中走出来了。

□ 建造一个（过去的）大假设和自己之间的空间

这些逐渐递进的步骤意图相似。它们都是为了在你与大假设之间逐步建立一个心理空间，以便将大假设从主体转变为客体，这样你就可以检视大假设，让它们尽在掌握，然后考虑去改变它们。在思考过后，人们通常并不会一拍脑门，然后宣称自己的大假设是完全错误的。在成年人的生活里，另外一种结果更为常见。人们会给自己的假设增添限定条件，也就是附加条款、修订、附件和例外。他们会说："我还是认为自己的大假设是基本正确的。但是在特定环境下，在和某些人在一起时，在这些限定条件下，我可以暂时终止自己的大假设。"

这种细微的改变可能会带来更大的变革，但对我们来说，最令人印象深刻的是，即使大假设只发生了微小改变，也能导致人们对自己潜能的认识、选择的方向和采取的行动产生相当大的改变。大假设的微小变化，会对曾经控制着我们的平衡进程产生永久的重大影响。大假设语言与小假设语言的区别如表 4-2 所示。

表 4-2　从制约人们的大假设语言到人们能驾驭的小假设语言

制约人们的大假设语言	人们能驾驭的小假设语言
• 自动产生，无目的或者无意识（让我们受到限制的意义）	• 只在困难中产生，在自我和意义之间创造空间或者距离（意义是与人们相关的客体）
• 假设就是真理	• 假设就是假设
• 产生确定性，也就是认为一个人的观念就是现实	• 产生有价值的怀疑，有机会去质疑、探索、测试、再度确认或者修改假设
• 牢牢支撑和维系人们的"免疫系统"	• 产生一个关键的杠杆去干扰人们对改变的免疫力
• 宣称自己的宇宙会被灾难性地扰乱或侵袭（人们的"魔宫"）	• 把灾难性结果当作一个可测试的命题
• 非变革性的；维持人们一直在构建的世界	• 变革性的；改变人们所理解的世界，也改变人们对自己潜能的认知

　　虽然只是简略描述了学习小组的情况，但我们希望它能够清楚地表明，它的目的与另外一种集体支持截然不同，其他团体只是应对困难，并且利用小组成员的集体经验为问题提出解决方案。这种团体无疑可以提供一定帮助（"我曾经遇到过这样的困难，我尝试过这样去做，并且这对我来说很有效……"），但它的局限性通常在于，给予建议总是不可避免地受限，因为给出建议的人和实际提出问题的人并不相同，而且二者所处的境况也不尽相同。

　　还有更大的限制，那就是即使建议很好，可这些团体依旧完全是在每个人的假设"桎梏"中运行。这一类团体更多是为了解决问题，而不是从中学到什么。它们不是在找寻一种方式以便筛选出好的问题，也就是那种可以"解决"人们的问题。要做到这一点，我们需要一种技术，使假设本身成为我们关注和探索的对象。

　　持续参与语言社区的活动不仅帮助我们认清了和大假设之

间的关系，还让我们和很多个大假设建立了联系。在这样的帮助下，我们可以构建一系列大假设的巢穴。巢穴这个比喻是我们有意选取的。有些时候，它就像一个马蜂窝。当新的反思活动发生时，人们可能会感到刺痛。但是，"假设的巢穴"这种意象也唤起了人们对孵化新生命、孕育新形式、创造新意义的想象，这就意味着，如果这些新生命、新形式、新意义真的能被培育出来，它们总有一天会振翅高飞。

□ 如何看待前 4 种语言导致的混乱

这样的家园可能会令人感到杂乱、危险。我们想起一个古老的俄罗斯故事，它可以帮我们记住该怎样去看待这样混乱的巢穴。有一天，一个樵夫去森林砍柴。当他穿越一片广袤的冰原时，他发现一只小鸟在结冰的苔原上冻僵了。他十分同情这只小鸟，于是将它捡起，在去往森林的道路上把它紧紧抱在怀中。这只小鸟获得了他身体的热量，开始苏醒过来。

但是，当樵夫到达森林之后，他发现了一个问题。他要用双手去砍伐树木，也需要双手搬运柴火回家。他不能再紧紧抱着这只鸟了，但他刚从冰天雪地中救了它的性命，也不想把它扔回冰原。他不知道接下来该怎么做。

然后，他注意到在远方刚刚经过了一群牛，因为他看到了散落在地平线上那星星点点的棕色、圆形的牛粪，这一定是牛群留下来的。樵夫想到，这些新鲜的、在严寒中冒着热气的牛粪也许可以帮上忙。

他走了过去，尽他所能选了一块最大的、最热气腾腾的牛粪当作小鸟的巢，然后把小鸟放了进去。接着他就去干活儿了，砍柴，然后回家。而我们的朋友——这只小鸟，蜷缩在它的新家里。我们和它一样，有时也会在这样富饶、芳香、肥沃、有机的环境里工作。这只小鸟从这个巢穴中获得了温暖，苏醒了。它感觉很好，于是仰起自己的小脑袋唱起歌来，歌声直达天际。它唱得那么好，又那么大声，于是一条就在不远处的狼循着声音找到了它，把它从窝里叼出来吃掉了。

　　这就是整个故事，但就像所有优秀的俄罗斯故事一样，它不止蕴含一个寓意，而是有三个。第一个寓意是，把你放到一个杂乱无章的烂摊子里的人，不一定是你的敌人。第二个寓意是，把你从这样一团混乱中救出去的人，不一定是你的朋友。第三个寓意是，当你深陷麻烦，忙得不可开交的时候，可千万别唱歌！

Part 2
第二部分

社会语言：促进关系和组织转变的 3 种语言

从奖励和赞美到持续关注：传递积极行为的重要性

在前四章中，通过学习四种内部语言，你已经为个人学习和领导力的变革特制了一种语言机制，这是一种新技术。接下来，我们要继续探讨这种机制，以进一步探索它的使用方法。

现在你还可以思考一件事，对一个优秀的机制来说，如果意识到了它的重要性，那么你就会想去维护它。如果它拥有对当今最先进技术的再生潜能，想必你一定会有兴趣去了解该如何对它进行优化和升级。

接下来的三章将向你介绍另外 3 种语言，它们可以帮助你维护并优化在本书第一部分中建立起来的语言机制。在这些社会语言中，第 1 种语言与"支持"这个主题相关，并促进了从随意赋予他人价值到表达个人关注的转变。

几乎所有与我们合作过的组织和团队都反对公开展示冲突。这并不奇怪，我们觉得你在听到这个结论时也不会意外。毕竟，无论是直接告诉你，还是让你知道你与某个人之间存在不和、不悦或者分歧，都会让你感到烦恼和不舒服。(事实上，高效推动冲突发展的表达方式是一门高深的艺术，但其实我们很少在工作中实践它，在介绍第七种也就是最后一种语言时，我们会再次讨论这部分内容。)令人十分吃惊的是：几乎在所有和我们共事过的组织和工作团队里，成员的那些积极且令人欣赏、钦佩的经历都被严重低估了。这一现象让我们更加费解，因为它大幅削弱了工作环境中的活力。正如我们在第 4 章中所说的，一个变革性学习氛围浓厚的环境，必须包含挑战和支持的特殊结合。

被重视的价值

如果你能经常感觉到自己所做的事情是很重要的、有价值的，并且自己的存在对他人能产生影响，那么你在工作中往往会表现得更好。你可能心里明白自己所做的事情很重要，但只有听到别人如此评价，你才会在心中确信这个结论。毕竟，工作和生活的环境不是真空的。与此同时，相信自己所做的事和做事的方法会产生影响，能使人们在进行工作时格外小心。

也许更重要的是，别人看重你的工作是一种证明，证明你是个重要的人。这种言语中的重视把你和其他人联系在一起。对工作节奏和强度会让人感到孤零零的组织来说，这可是一件大事。与他人存在联系的感觉可能是人们最深层的欲望之一。定期从他人那里获得对你工作成果的评价，可以让你感受到自己所做工作的价值。不过，这种交流方式的质量通常如何呢？

□ 快速练习：第一步

现在暂停阅读 30 秒，然后想想你的同事。看看你能否回想起任何评价同事近期行为的经历。它不必是一件惊天动地、使生活产生巨大改变的事。事实上，它可能只是细小的日常事件，虽然看起来相当微不足道，但可能让你的某一天或某一小时变得与众不同。现在回忆 30 秒钟，或者更长的时间也可以。在你完成思考前，先不要继续阅读下面的内容。

好了，我们希望你可以这样做：想象一下，假如你正和某个同事参加员工会议。继续发挥你的想象力，假设在你的工作环境中有这样一个规定，即人们要表达自己对同事和工作伙伴的欣赏。每周或每半个月召开的会议上会留出 5 分钟左右的时间来完成这项任务。会议主持人允许所有人随意表达，畅所欲言。

□ 快速练习：第二步

如果你此时就身处这场会议中，正好要向某个同事表达钦佩和感激，那就在一张纸的最上方写下你想在这次会议上说的话。在写完这些话之前，请先不要继续阅读接下来的内容。

啊哈，你其实没有写任何东西，而是一直在往下读，对吗？（友情提示一下，我们真诚地认为，如果你能按照我们的建议完成每一项小任务，你会从本书中收获更多有价值的东西！)

好了，如果你真的写下了一些话（我们希望如此），那些话就是你第一次努力传达你对他人所做贡献的评价：这就是关注的语言。

我们稍后将再回头看你所写的内容，并给你一次评估它的机会，也许你会选择使用一种更强大的方式来重新构思它，但我们已经发现了一些此类沟通方式常有的特性，请你和我们先来一起思考一下。

默认模式：用间接地、不具体地赋予他人价值

在工作中，人们很少交流他人的行为、选择和意图对自己来说具有多么重要的影响（尤其是在主管表达对下属的赏识之外），如果这种交流确实发生了，它通常听起来就像下面这样（面向全体人员的发言）：

我想特别感谢杰奎琳对这项工作的贡献，她所做的一切已经远远超出了她的职责范围，这值得我们大家热烈鼓掌。

安格斯，你昨天在客户会议上表现得太棒了，真不知道如果没有你，我们该怎么办。

谢谢你，在这个项目中你一直是很棒的队友。你是那么有耐心，办事灵活，又有头脑。

你可能会这样问自己：这样的交流方式有什么问题吗？我很愿意在工作场所中多听到一些这样的交流啊！好吧，也许是这样。如果你真的这么认为，那似乎恰好确认了我们最初的观察结

果，即在大多数工作环境中，对于同事所做贡献的积极评价，人们很少进行基于真实体验的交流。

以上三段话是在使用三种最常见的方式进行表达，这种交流方式让人耗尽了能量。尤其是对于那些认真把握机会想要成为语言领袖，并试图在工作中加强使用有益语言的领导者来说，他们需要考虑一下，如何才能培养出一种更强大的评价性语言，而不仅仅是增多评价性语言的种类。

第 5 种语言：从间接的、不具体的和定性的评价到持续关注

经常真诚地表达对同事工作价值的认可，这就是持续关注的语言。持续关注包括两方面，一方面为感激，另一方面为钦佩。想一想这两种强烈的积极情绪有什么不同的品质和规律。你在表达感激之情时，会让对方知道你已经得到了自己十分看重的东西。你觉得自己有所收获（不一定是物质的东西），你很高兴得到它，或者已经感受到了获得它的好处。在表达钦佩之情时，与其说是你本身获得了某种重要的东西，不如说是你暂时体会到了他人的思想。人们想象自己处于他人的世界中，发现自己被他人的行为或选择所指导、启发，或因此得到提升。我们发现了三个特质，能让持续关注的交流变得更加有力。

□ 直接性

直接性是让这种交流方式变得更有力的第一个要素。感激和钦佩要直接传递给当事人，而不是传递给其他旁观者。有一

种交流方式很常见，但十分费力（就像前面三段典型讲话中的第一段），那就是在交流中使用第三人称去称赞你想夸奖的那个人，"我想对玛丽塞尔表示感谢。她尽了最大努力去……"等。交流中的信息被光明正大地传达给了其他所有人，除了玛丽塞尔。而她则被动地扮演着一个受欢迎的偷听者的角色。尽管直接和玛丽塞尔交谈可能会使双方感到有些尴尬，尤其是在众人面前，但采用直接的交流方式对玛丽塞尔来说才更为有力。有趣的是，这种交流方式也会对房间中的其他成员产生更强力的影响，我们会在后面讨论这个原因。

　　检查点：你的评价是否足够直接？ 花点时间回顾一下你所写的内容。它是直接的吗？它还能更直接一点吗？如果可以的话，你如何才能做到呢？再花一分钟重新写下你想说的话。如果你正在和一名谈话同伴一起进行这项任务，请想一想：什么样的形式对你来说才最有效？是听听他对你最开始写下的话有什么直接反馈，还是说说你对那些话的想法，然后听一听他的反应呢？（如果你重新写了这段话，那么也可以听听他对你的新陈述的反应。）是听听他对如何才能使陈述更直接的建议，还是让他只倾听而不做评论呢？如果你是别人的谈话同伴，并且你的同伴要求你做出反应或提供反馈，请尽量具体一些。

　　□ **具体化**

　　具体化是第二个要素，能使你对一个人表达感激和钦佩的交流方式变得更强大。对于前面第二段话中的场面，你一定十分熟悉。人们在沟通时使用的语言通常十分笼统，表达的内容往往只关于自己的良好感受，而不是对方实际上做了什么才令人产生此种感受。你可能会说："李平，在上周一我们一起参加的那个客户会议上，我觉得你的表现很精彩。我很高兴你能和我们一起参与这个项目！"说话的人虽然直接将信息传达给了李平，可李平根本不知道自己究竟做了什么才造成了这么大的影响，也不知道他的所作所为对说话的人有何意义。这样的评价可能会让李平感觉良好，因为当被称赞的时候，大多数人都会感觉良好，但问题是，他无法从评价中再进一步得到任何有价值的东西了。

作为一个成年人，对于衡量某些事物是否有价值，李平有自己的评判标准，但这并不能说明他和夸奖他的人具有一致的价值观，会重视或关心同样的东西。也许，夸他的人为李平是这个团队中的一员而感到高兴，这是因为李平个子高、年轻、英俊，穿着考究，还知道红袜队[○]的赛场表现或者来自中西部，并且夸奖李平的人还认为，客户是因为李平拥有这些特质而对他产生了积极的印象。如果李平想要努力通过自己的思想品质、情绪敏感度或领导能力获得重视，那么从刚才的交流中，他可能就没办法得到多大的收获了。不过，对他来说，能了解到这一点，也好于让他误以为自己正按照期望中的方式创造改变。

反之，如果李平本来习惯认为，夸赞他的人更看重他身上浅显或不受控制的品质，但是通过了解，他发现别人看重的其实是他的思想品质、情绪敏感度或领导能力，评价者能将感激和钦佩

　　○　红袜队（Red Sox）是来自波士顿的一支参加美国职业棒球大联盟比赛的队伍。——译者注

李平的信息详细地传递给他，这种交流方式对李平来说就更有价值和力量了。

在这两种情况中，评价的具体化给了李平一个机会，让李平去理解他对评价者造成的影响。他究竟是否像评价者一样重视这种欣赏就是另外一码事了，这取决于他的个人价值观。

具体化的最后一个好处在于能够使评价者本身受益，在更具体地表达感激和钦佩他人的过程中，他们能够逐渐了解自己。这是因为所有人都是活跃的意义创造者，人们的价值观、假设和承诺深刻地影响着他们关注或能看到哪些意义碎片，以及如何将这些意义碎片组合在一起。换句话说，人们对自己亲眼看到的事物的理解反过来决定了他们的行为方式。你可以看一看自己认可的意义，看看它们都反映了自己怎样的个人价值观、假设和承诺。这不是能够轻易达到的境界，但我们认为这值得你付出努力，因为它构成了一个异常清晰的自我了解的窗口。通过这个窗口，你可以询问自己一些关键问题："我的言行举止和我心中所想的一致吗？我想做自己现在正在做的事情吗？为什么呢？"

举例来说，在具体赞赏了李平在会议上所做的贡献之后，评价者可以开始问自己一系列问题，这些问题最终能揭示他对有效领导的想法和理念。他可以先问自己领导力是什么意思，然后把李平体现出领导力的行为当作他的意义参照点。需要明确的是，这样做并不是为了让他为自己申辩，指出自己做了什么体现出领导力的事，而是为了让他从自己的反应中了解自我和价值观的来源。正如李平这个例子中的场景一样，通过深入研究它，评价者可以进一步思考："我对领导力和领导行为做出了哪些关键假设？它们是正当合理的吗？我该如何确定呢？"

随着时间的推移，通过持续反思自己对人们做出的积极评价，评价者可以开始问自己一系列更广泛的问题："我感激和钦佩哪些行为？它们有模式吗？例如，它们是不是'通常都是别人不计成本地帮助我，让我更顺利地完成工作'这种行为？我是否希望人们能读懂我的内心，能看穿并满足我的需求与愿望？"

举个例子，我们接触过的一位首席执行官发现，他表达的大部分赞赏都是针对经理所提出的新举措的。对此发现，他表示很震惊，并开始为了进一步反思而继续关注自己的赞赏行为。然后，他注意到，他在理智上很清楚，维护和支持已有的重要举措同样也很重要，但他很少被这样的贡献打动。他认识到自己更容易为变革的想法而感到兴奋。发现自己在持续关注的过程中并没有做到公平一致，他感到很懊恼。

实际上，反思感激和钦佩的模式还能让这位首席执行官看到自己身上另一个有趣的内在矛盾：他真诚地承诺（概念表第一列），要承认其他管理者为公司的成功所做的重要贡献；其他管理者高效地维持着那些早就开始施行的重要举措，这也是重要的贡献，但他本人却对此认识不足，他现在第一次承担起这种行为（概念表第二列）的责任。然后，他可以先确定一个隐藏的对抗性承诺（"我希望感觉到我们总是在做一些全新的事"可能就是他的概念表第三列内容），紧接着再确定一个迷人而具有吸引力的大假设。有意思的是，他知道自己深受大假设的影响，也知道如果他能直接反思这种影响，它又是多么经不起考验（概念表第四列）："我认为，公司之所以成功，更多是因为我们能间断地做出一些创新，而不是依靠持续的行动。"

他明白这个假设建立了一个"免疫系统"，阻止了他实现自己的第一列目标。因为他捕捉到了自己那种狂热的短视，他开始探索大假设，并更加注意同时支持基础运作和大胆创新。(有趣的是，当他第一次与经理分享这个见解时，经理立即明白了他描述的情况；好几个经理都谈到，他们觉得自己在维持部门顺利运作方面的成就没有受到重视。)

检查点：你的评价是否足够具体？ 现在是时候回到你写下的那些赞赏他人的话了。它有多具体？它还能更具体一些吗？如果可以的话，你如何才能做到呢？你可以做出任何修改，如果你有同伴的话，你们可以进行合作。如果你打算一个人完成这项任务，或许你可以问问自己："在让沟通方式变得更加具体这方面，我都学到了什么？"

□ **无定性**

我们发现的第三个也是最后一个增强表达感激和钦佩的交流的要素是，评价者不去描述对方的特征，而是讲述自己的经历。简而言之，交流是非定性的。

这可能是三种交流方式中最难实践的，很大程度上是因为我们大多数人倾向于快速思考或感受他人的言行(简而言之，我们喜欢快速做出反应)，对对方进行概括或特征化。埃伦说了一些我觉得很好笑的事情，我在心中想着，真是太有意思了。然后，也许我并没有意识到，我对自己说"埃伦真是一个有趣的人"。

请注意观察我最初的体验（"我很开心"）是如何转变为描述他人特征的（"她很有趣"）。

你可能会觉得奇怪，我们敦促你不要这样表达，"卡洛斯，我真想让你知道，我有多感激你的慷慨"（或者说，"你是一个充满幽默感的人"又或者，"你总是知道该说些什么"），或者"艾丽斯，你真有耐心"（或者"做事如此迅速""永不言弃""你总能出现在需要你的地方"）等，就像本章开头的第三位评价者一样。对某些人来说这样看似是很好的表扬，但这么说话会有什么问题呢？

问题就在于，你夸奖的人一定会把你口中的他和他心中的自己联系起来。你可以告诉卡洛斯他很慷慨，但他知道他实际上到底有多慷慨。你可以告诉艾丽斯她很有耐心，但她自己知道她实际上对你的耐心程度。

如果你定义了一个人的性格或特征，即使是出于非常积极的意图，实际上也在无意间做出了相当冒昧的行为，即赋予了自己说出对方是谁以及他是怎样一个人的权利。你可能认为自己有权去决定他人的价值，就好像你在说："这个人的形状是这样的。"或者表达得更直接一点，你会说："这就是你的形状。"你在心理上给这个人穿上一套衣服，尽管他们可能会很欣赏布料的精美品质，但他们可能也会觉得："嗯，它并不完全适合我。这里你需要多留一些富余，那里要再收紧一些。"最后，如果你通过描述人的属性或特征来表达感激和钦佩，你其实正在对他产生影响，你牵制着他的选择方向。

反之，如果评价者不去使用这种交流方式表达自己的感受，被评价的人就完全自由了，他不受牵制，没有桎梏，不被定义。艾伦不需要知道自己是谁，他只要了解你对他本人或对他行为的感受就行了。我们不说"艾伦，你真是一个慷慨的人"，而是说"艾伦，我很感激你花了这么多时间来弥补我的过失，这对我来说真的很重要"。这里发生了什么？评价者根本没有描述艾伦的性格特征，而只是谈论了自己对艾伦的感受和体会。定性沟通（"你太慷慨了"）通常会被对方以纠正的方式回应（"不，我不是"）。但是艾伦没有必要纠正你的感受，因为你所说的不是"错误的"，它只是你自己的体验。（没有人会对"那次会议上我从你身上学到了很多东西"回应"不，你没有"。）

许多人很早前就知道（或至少听说过）一种广泛传播的说法，即人们应该通过"陈述自己"而不是"陈述对方"来进行负面表达。沟通专家让人们不要对自己的配偶说："你真是太懒了，你总是把衣服随便扔在地上。"相反，他们推荐以下这种表达："我感觉自己没有得到尊重，你把衣服扔在地上，就好像我是女仆或什么一样。"为什么？"陈述对方"会引起心理防御；"陈述自己"描述了评价者的体验，而非针对听者。任何一个有自尊心的听者在接收到"陈述对方"的表达之后，都需要进行自我修复才能继续对话（"你甚至没有注意到我已经变得更好了"）；"陈述自己"使听者无论是在听到你对其性格的描述，还是在被要求改变行为时，都没有被惩罚的感觉（"这就是我的感受，我让你自由选择"）。

避开"陈述对方"而更多地"陈述自己"，这个智慧的建议不只适用于表达负面体验，同样也适用于表达正面感受。描述其他人时，即使是积极的且不一定会激发心理防御的语言，也一定会引发对方的反应：一旦受到外界触发，人们就会做出反应。但是，一个人描述自己的体会，无论是积极的还是消极的，都会让另一个人接收到语言中蕴藏的信息（而不是被言语定性）。请记住，持续关注这种变革性语言，它的目的是提高重要信息（也就是"听者所做的工作很重要"）的质量。

当人们实践这种非特征化的、非定性的交流形式时，它听起来一定更真诚、更真实，也更发自内心。如果人们的感激和钦佩是定性的，那么它最终会从人们的积极形容词库中被直接提取出来。一个训练有素的演说家或擅长赞美的作家可以在这方面做得非常出色，于是他们的赞美就变得过于轻浮草率。想想这样的情境吧，一种油嘴滑舌、缺乏诚意，并把表扬当作感谢的语言盛行，而人们可能都做过这种事：想想你是怎么写推荐信的吧！你说这个人是这样和那样的；你从一个叙述词库里拣选，用这些词语浮夸地描绘他人的特征。

这不是我们所说的持续关注的语言。持续关注并不是表扬、安抚，也不是积极地给一个人下定义。我们再强调一遍：它是为了提高珍贵信息的质量。它的作用是告诉对方，你对他的感受。

检查点：你是否做到了非定性评价？ 最后，请看一看，当我们要求你表达感激和钦佩时，你写下的内容。如果它具有一些强调特征的元素，那么现在就试着用一种非定性评价的方式，直接重新说出来。试着大声说，就好像那个人就在你旁边。（我们明白，如果你正在公共汽车或飞机上，这个行为可能会看起来有些奇怪，但谁知道呢？坐在你身边的人说不定会很感动。）

🕐

如果你跟随我们来到了最后一步，你就会明白我们的合作伙伴都在进行怎样的探索。这样的沟通一定是不太顺畅的，停顿很

多，但更多是在特定场景中人们发自内心地创造出来的。它不是
罐装好的定性赞美，而是新鲜的。在某种意义上说，它与你更亲
密。这样的沟通与作为评价者的你密切相关，可以揭示你自己的
内心，而不是你认为的从其他人身上发现的事情。因此，对你和
听者来说，它一定会产生更加强大的结果。表 5-1 展示了奖励和
赞美的语言与持续关注的语言的对比。

表 5-1　从奖励和赞美的语言到持续关注的语言

奖励和赞美的语言	持续关注的语言
• 产生了赢家和输家；消耗组织系统的能量	• 传递宝贵信息，即一个人的行为具有重要意义；将能量注入系统
• 通常是间接沟通；谈论他人而不是直接和当事人交流	• 直接向人传达感激和钦佩
• 一般只做很笼统的陈述，不能提供评价者重视的信息	• 传达评价者个人感激和钦佩感受的具体信息
• 通常定义了另一个人的性格特征	• 非定性的，描述评价者本身的体验或经历，而不是被欣赏者的特征
• 往往是公式化的；油嘴滑舌，缺少真诚	• 真诚而真实；有更多停顿，却是鲜活生动的
• 非变革性的	• 评价者和被欣赏者都具有变革的潜力

□ 直接性、具体化、非定性：提高信息质量的三个因素

直接性、具体化、非定性这三个特征使持续关注的语言变得
更加强大，并且更少受虚伪的公式化语言影响。第 5 种语言创造
出一个宝贵的信息：变化来自我们自身。定期产生这些信息就像
往组织系统中注入氧气，支撑着人们继续面对内心矛盾的挑战，
探索令人生疑的大假设。这是维护新技术的第一条实践之路。在
第 9 章中，我们将再次回到这一语言，并讨论如何深入发挥它的
作用。

从规则政策到公共协议：用集体的力量维护规则

"祝大家早安，我们首先要祝贺大家！我们知道，各位的团体组织经过了大量实践，三思过后，才选择了诸位作为先驱者来参与这个令人兴奋的项目，也就是创造属于你们的组织自己的' EPCOT'——一个面向未来的实验原型公司（experimental prototype company of tomorrow）！"

我们来进行一项模拟活动吧。目前，我们邀请了数百名职业人士参加这个小游戏（根据我们合作团队的情况，有时可以将特定的"EPCOT"打造成"未来的实验原型学院"或"未来法庭"，再或是"未来诊所"）。我们还要"提醒"学习小组成员，他们有机会重塑自己的职业经营方式；他们被遴选出来，要在未来的几年里创造出一个现实生活中的实验室，产生学习成果，从而重新设计他们在 21 世纪中工作和提供服务的方式。

接下来，我们告诉他们，在三个月后，新组织将敞开大门，至少在未来的几年内，项目组成员都可以相互合作。但在此之前，他们并未接触过组织中的其他成员，大家互相之间并不了解。

我们最后要提醒的是，这个组织并不受形式上的限制，但唯一确定的是，它是"扁平"的。也就是说，组织中所有人员都处于同等地位，具有同等的权力。他们可以选择建立临时的"局部等级制度"，以完成特定任务或执行特殊功能，但是，这是由集体授予的临时职能，权威不能永久地隶属于特定人群。所以，所有小组成员既是领导者也是追随者。在一个项目中，张三可能是李四的老板；一个月之后，或者就在同期进行的另一个平行项目中，李四也是张三的老板。（虽然在当前关于工作的讨论中，组织扁平化十分流行，但是我们出于相同的理由制定了这个游戏规则，就像"你们还不了解彼此"这个规则一样。工作中有两个特性极大地限制了对全新经营方式的思考：与同事在过去的交往，以及下属对老板权威的尊重。通过消除正常工作中的这两个特性，这些规则简化了这个模拟世界。）

现在，项目组成员知道自己在这个模拟系统中的身份，也是时候让他们知道我们的身份，以及为什么我们要在成立新组织之前三个月就将他们聚集在一起了。

我们的身份是推动者，我们告诉他们："特殊的事情有很多，但我们希望你们关注这一点——此刻，你们之间还没有任何麻烦的关系，也没有任何怨恨，没有说长道短的八卦，但这样的状况不会长久维持。尽管你们有共同的目标，但一旦你们开始一起工作，在追求那个最值得赞扬的目标和承诺的同时，你们往往还是会开始陷入烦扰，彼此之间产生恼怒，然后开始相互指责。即使是在士气高涨、表现优异的团队当中，这也是工作中的必然情况。但此时此刻，你们不用面对上述任何一种困难，因为你们还没有开始共同工作。

"EPCOT 项目的赞助者意识到，对于工作来说，小组成员之间的麻烦关系以及人们在受伤或感受到愤怒、恐惧后的反应就像井水里的毒药。无论这口'井'建得多么坚固，也就是说，无论这个组织的既定目标有多么鼓舞人心，无论公共策略和实现策略的程序有多么智慧，无论公司的员工多么慷慨地支持集体的利益，混乱的人际关系和这些关系中的行为都会在水源中产生毒素，使工作这口'井'不再健康。因此，你们的赞助者认为，趁着这难得的时机，在同事中还没有任何麻烦牵绊时，不如先去看看能否提前在井水中加入某种解药。这才是明智之举，同样也是我们的初衷。已经有人向我们询问，是否可以帮助集体组织调制出这样一种解毒剂了。"

制定公共协议：
达成第一列承诺的集体路线

推动者：我们的想法是，解药是一种还没有在职业生活中实践过的语言，我们把它称为公共协议的语言（这种语言不是规则与政策，就像持续关注的语言不是抚慰和表扬一样）。

为了让你们初步了解一下这所谓的公共协议的语言，我们举个例子——一旦这个新组织成立，如果同事和你产生了矛盾，那么你希望他们如何处

理这件事？针对这种情况，大家能不能达成一个
协议？这么说吧，假如同事因为你而感到特别烦
恼，你们之间的关系现在已经完全是一团糟了，
面对这种情况，你想让他们做些什么呢？我们先
听听你们有什么提议或者计划吧，然后再看看咱
们是否能达成一致。

参与者1：我想让他们来找我谈谈。

推动者：来找你？

参与者1：没错，不要到处找其他人讨论这件事，别在背后
说我的坏话。如果你对我有意见，那就当面来
找我。

参与者2：是的，尽快来找我，别让情况越来越糟。

参与者3：不仅仅是尽快，而是要第一个来找我。

参与者4：嗯，关于是否要"尽快"这一点，我不是很确
定。我不想让咱们的未来学院最后变成"抱怨大
学"。如果这个人能把这件事稍微过过脑子，确
定他必须来当面找我，否则这件事不会自己过
去，然后再来找我，那么这样可能会更好。我
真的不想让所有人只是因为产生了一点点不满
就都堵在我的门口。他们可能只是今天不太顺心
而已，明天或许会不一样。所以，我越细想，就
越不支持"尽快"找我，但我支持"第一个来找
我"。先花点时间把我俩的事想一想，你可以要
想多久就想多久。如果你想找个人说这件事，那
么你第一个要找的人就应该是我。

参与者5：没错，我同意。同时，我也希望这个人能有点
　　　　建设性思维，不仅要思考攻击批评谁或是如何
　　　　推卸责任，而是要想一想如何能让事情变得
　　　　更好。

参与者4：不过，你确实想让这个人先来找你吧？

参与者5：是的，那当然。

推动者：嗯，先不说我们现在是不是真的达成了一个协议，
　　　　对于"第一个来找我"这部分，看起来大家基本
　　　　达成了共识。让我们来确认一下。在和他人产生
　　　　矛盾的情况下，有多少人想让协议包含"第一个
　　　　来找我"这一条款？

（基本上85%～95%的人都会举起手来。有趣的是，在现
实工作中我们从来没有这么做过，也从来没有把"第一个来
找我"当作协议中紧急又重要的条款之一。）

推动者：好的，虽然不是所有人都同意，但这么多人都举
　　　　起了手，也真是让人印象深刻。现在我们要提醒
　　　　你，如果达成了这个协议，那就不仅意味着你希
　　　　望别人在和你产生严重"摩擦"时要第一个来找
　　　　你，而且你也同意，当和别人产生摩擦时，你也
　　　　会第一个去找那个人。现在，你们还希望达成这
　　　　个协议吗？

（大多数人说他们愿意达成协议，但是有些人会提出以下的
想法。）

参与者3：嗯，等一下。老实说，如果认真来看，假如现在
　　　　真处在这种情况中，那么我不确定我会不会先

去找对方。我这种人吧，想到什么就需要大声说出来，必须要和其他人说说。我会去找一个朋友说："你看看这事，瑞克就是这么做的，真是气死我了。你觉得是我太荒谬了吗？是我反应过度，还是他行为越界了？"我不想阻拦自己说出这样的话。另外，如果这样做能够平息我对瑞克的怒气，那么我们根本就不用再面对面谈话了！

□ 默认模式：背地里的事

参与者1：嗯，我同意你的看法。我不觉得说这样的话有什么问题。这和我之前以为的那种背后对话不一样，这实际上是一种现实检查，我很喜欢这样。但我不想看到在背后谈论别人、传播谣言、闲言碎语满天飞、说别人坏话，而这些事时常发生。

参与者4：一般都是这样。

参与者2：那么，也许我们应该把协议制定成"你应该第一个来找我，或者如果你去找了别人，进行讨论应该也只是为了自我检查，而不是说其他人的坏话"。

参与者4：没错。

参与者3：没错。

参与者6：不过，我们还是现实点吧。我担心，如果我们允许这种例外存在，那就是在打开潘多拉的魔盒。

因为大家都心知肚明，你在很沮丧的时候找个朋友说话，朋友很容易就会站到你那一边，等到谈话结束时，就不会是什么现实检查，而更可能是在说其他人的坏话。

参与者4：好吧，没错。如果别人找你，要他做到只做现实检查确实很难。或许我们应该选定一个"现实裁决者"，大家可以轮流担任监察人，如果你不"第一个来找我"，那你只能去找这个监察人。

（根据我们为讨论安排的时间，"第一个来找我"这个协议的形式可能很简单，也可能带有各种附加条款，但无论如何，这个协议的一些形式已经被制定完成了。这本身就是很伟大的：所有小组都自发地创建了"第一个来找我"协议。然而，当我们问到是否有人真的在工作中实行过这条政策时，却没有一个人说他们真的做到过。所有人都知道，那些背地里的、贬低性的语言形式是有害的，不利于工作，但是所有人也都承认，他们每个人都使用过它。）

参与者4：好吧，可团体组织的生活就是这样啊！我不认为你真能为此做出什么改变。

推动者：嗯，也许没什么改变，但这不就是你们志愿创造一个全新组织形式的原因吗？所有人都知道这种情况有害，但还是明知故犯，因为你们都认定它不可改变，你们就是这样开始创建一个全新组织形式的吗？（面对这样的嘲讽，笑声和呻吟是最常见的回应。）

参与者4：行，好吧。既然你想让我们继续讨论这件事，把

它假想成现实，那你也要现实一点呀！我不相信
就因为我们今天达成了"第一个来找我"协议，
等到我们真开始一起工作的时候，人们就不会在
背后说别人坏话。

□ 公共协议的价值：不是防止违规，而是引起违规

推动者：谢谢你。说得在理，事实上我们同意你的说法。
人们并不会因为今天达成这个协议，就不在背后
说人坏话了。这自然而然让我们想到一个问题，
那就是我们认为公共协议的语言的目的是什么？
如果告诉你，在我们看来，公共协议不是为了阻
止违规行为发生，而是要引发违规行为，那么会
怎样呢？（这通常会带来一阵专注而又让人困惑的
沉默。）为了解释得更清楚，我们问你们另一个问
题。假设你们达成了这个协议，如果我们让时间
快进一下，设想你们已经在这个新组织中生活了
几个月，那么你们觉得那时最难遵守这个协议的
人是谁？

参与者3：那个正和某个同事生气，却又不想"第一个去找
他"的人。（笑声）

参与者1：是啊，这个人可能宁愿自己发泄怒气也不愿意去
找让他生气的人谈谈，他最难遵守协议。

参与者4：是的，但这个人，我说实话吧，很有可能就是我
自己。（笑声）我们假想的是协议会被个别害群之
马违反，但让我们面对现实吧，在正常生活中，

任何人都有可能不遵守协议。

推动者： 对，这可能就是打破协议或易或难的原因。让我们来试试。有人愿意跟我合作一下吗？（卢克成了志愿者。）好，谢谢卢克。现在就当作只有我跟你在一起，周围没有人。咱们坐在一个私人办公室里。假装我们是老朋友，我们的孩子在一起玩，我们两家人会一起出去吃饭。接下来我要对你说的话是："卢克，你说说，你敢相信安·玛利都做了什么吗？每场会议她都要弄出点事情来，我真不知道她下一个要陷害谁。你看到她是怎么打压哈尔的了吗？说出来都没人信，是吧？她笑得挺甜，声音温柔，结果却说出那么有杀伤力的话来。今天早上她在会上就那么打断你，我简直不敢相信。这一定也很让你窝火吧，嗯？"（我们向卢克发出信号，该他回答了。）

卢克： 是啊。我是不太高兴。不管怎样……（笑声）

推动者： 是啊，难以置信。你觉得她有什么毛病？

卢克： 好吧，谁知道呢……我的意思是……

推动者： 时间到，卢克。你觉得自己在遵守咱们的公共协议方面做得怎么样？

卢克： 不太好。（他摇了摇头，笑了；其他小组成员跟着他一起笑起来。）要不我们再试试吧。

推动者： 太好了！（重复以上对话）……今天早上她在会上就那么打断你，我简直不敢相信。这一定很让你窝火吧，嗯？

卢克：说实话，鲍勃，咱俩说这些话让我觉得不太舒服。
　　　嗯，还记得我们在夏天那次活动里达成的协议吗？
　　　（从小组中传来笑声）我不想掺和这件事。我还是
　　　你的朋友，咱俩的关系不会变，但如果你和安·玛
　　　利有什么问题，我想我们已经达成过一致，你应该
　　　去找她。然后呢，我还是很期待咱们两家尽快一起
　　　出去聚餐。（大家满怀钦佩，发出了笑声和热烈的
　　　掌声。）

　　处在卢克这个位置上的人，可能就是我们之中最难遵守协议
的人（尽管如此，我们还是会看到，卢克和鲍勃都有机会使用我
们的新技术去应对这一状况）。当人们最初提出"第一个来找我"
协议时，他们往往都在想象自己是别人要第一个来找的对象。然
后，我们引导他们去思考，他们可能才是那个恼火的人，他们
不能在别人背后说闲话，而是要第一个去找那个和自己发生矛盾
的人。

　　但是，还有个角色我们没思考过，他可能既不是惹人生
气的人，也不是生气的人，而是第三方。这个人既可能会促进
同事遵守公共协议，也可能会破坏公共协议的效力。我们要找
到自己的位置，特别是在与亲密朋友在一起时，如果这个朋友
说的话不仅仅是在传递对人不对事的信息，而是把事件和当事
人捆绑在一起，那么这种情况可能会令人感到极其不舒服。我
们的朋友塑造了这种语言形式，我们又该如何拥有从本质上
拒绝参与对话的底气呢？从哪里能找到支持我们这样做的勇
气呢？

第 6 种语言的作用:
从依靠正直原则到创造更广阔的组织正直

如果一个集体组织没有制定公共协议,那么其中的成员就只能依靠他们自有的个人原则去抵御不良行为。在这样一个群体中,如果鲍勃得到了卢克第二次演示中的回应,他一定会感到有些惊讶,还可能会因为被朋友拒绝而感到有些恼火和受伤。也有可能,鲍勃至少能多多少少地体会到,卢克是正直的,所以才会说出这样的话。但无论鲍勃多么钦佩这一点,他所体会到的都是卢克的正直原则,他并没有参与创造卢克的正直原则,所以鲍勃不会产生任何自豪感。

如果每个组织里都是像卢克这样的人,所有人都有自己的正直原则,那在组织生活中也许就不需要什么解药去对付那些背地里的坏话了。但大多数组织里并没有这么多的卢克。即使有这样的人,他们的行为和反应也只能一直体现他们的正直原则。领导者和组织总是需要凭借成员个人的、自带的正直品质才能获得利益。但是,现实中组织要想保持健康,就需要领导者有能力去改善组织进程,这样才能促进集体能体验到的、公开的组织正直。

例如,在团队中,如果领导者推行一种公共协议语言,而团队成员使用该语言去创建了一种协议(例如"第一个来找我"协议),那么"我们(或者卢克)该如何鼓起勇气拒绝参与朋友和同事发起的不良对话?能从哪里找到支持我们这样做的勇气呢?"等问题,就会有一个不同的答案了。在这种情况下,卢克拥有强大的助力帮他摆脱尴尬处境。他可以这么说:"还记得我们制定的那个协议吗?"

用这样的话语，他不仅唤起了自己个人信仰的力量，同时也唤起了一个集体创造的共识。他不必再用自己不受朋友认可的观念去进行反驳。相反，他唤醒了来自公共协议的集体记忆去提醒他的朋友，而他们一定都认同这一观念。

在得到卢克第二次的回答后，鲍勃一开始也许还是会因为朋友的拒绝而感到有些恼火和受伤，他也可能会佩服朋友的正直。但是，在第二次演练中，鲍勃还有额外的机会去体会自己的正直。他也亲身参与了协议的创建过程，而卢克给鲍勃画出的行为界限就是这个协议规定的。当鲍勃不再越界，回到了边界内，他不会觉得自己是被别人放回了正确的位置。他更可能感觉到的是，他被自己的组织正直所打动，而且这种正直还是他亲手参与打造的。

组织的默认模式：不正直

人们都体验过组织生活的不正直影响，它不公平、不专注和低效率的形式在当代工作生活中太普遍了，已经被广泛接受为一套标准的操作程序，它还滋生了一种所谓的成熟，但其实那只是世故圆滑的表现。而另一种体验则非常罕见，那就是：作为组织的一员，我有能力去反抗现存不公平、不专注和低效率的趋势。这种体验的效果与前者正好相反。它培育出自尊、对工作环境的新承诺，以及一种拓展延伸的感受。

持续使用公共协议的语言，是培养组织正直体验的直接途径。但重要的是，千万别太天真，别认为只要每个人握手达成一致，就会像魔法一样消除所有的违规行为。这根本不可能。还记得第 1 章的内容吗？我们并不是通过忽视或回避抱怨来发展承诺的语言，而是直接面对抱怨，然后创造出一个语境，从而指引我们走向承诺的语言。与这种方式类似，我们认为公共协议的目的并不是防止违规行为发生，而是要创造违规行为。我们特别希望全世界的鲍勃都违反"第一个来找我"协议。但要注意，正是因为有了公共协议的存在，他对卢克所说的那些关于安·玛利的话才在事实上构成一种违规行为。

我们可以换一种方式解释这个看似反常的观点：没有协议，就没有违反协议的情况出现。当然，即使没有协议，可能也存在个人的违规行为。人们可能会因为别人在组织生活中的表现而感到愤慨。（"我真不敢相信，你不跟我谈就把那件事告诉他了！你怎么能做这种事呢？"）"你怎么能做这种事呢？"就是一种个人愤慨的表达。但是，假如没有集体的公共协议，一个诚实的回答（尽管很少在现实中出现）可能是："我可从来没说我不会这样做。"

"好吧，我本来以为我可以信赖你呢。我永远也不会对你，或者对别人做出这种事。我并不认同这种共同工作的方式。"怒火愈燃愈烈，但这是私人的、个体的愤慨。个体间的纽带被损坏了，整个组织作为集体也遭受了损失，但组织生活中却并没有任何规则遭到违反。对组织的质量和未来的效率来说，这一定会造成损失，但是没有公开的违规行为，因为组织从未就成员珍视的原则达成公共协议。

谁该对组织的损失负责？在我们看来，根本责任方既不是引发违规行为的人，也不是产生违规行为的人。组织领导者才应该为此承担根本责任，他们没能协助组织创建可行的公共协议。没有达成一致的集体法则，任何不良行为都不可能被当作违规行为，从而在组织中暴露出来。它们仅仅是个人的违规行为。

那么，不同于个人的违规行为，创造出公共的违规行为的好处是什么呢？这是第 6 种语言带来的第一个成果。古希腊人根据某些公民美德对社会做出评价，其中最可贵的美德就是体会集体性愤慨的能力，这种能力能够唤起集体共同的义愤。现如今，我们之所以觉得社会凝聚力不强，并不是因为那些上了社会新闻的可怕事件，而是因为我们被剥夺了对那些可怕行为的集体义愤。

必须是极端恶劣的行为（比如一对父母为了去巴哈马度假把他们两岁的小儿子交给五岁的大儿子照顾）才能让我们感受到一丝微弱的集体义愤。我们是如此渴望一种共享体验的感觉，所以才觉得四万人在体育馆观众席参与"人浪"十分有趣。这是一个空洞的公共协议，至少在这一小段时间里，我们都想到一块去了。（虽然我们并没有真的达成什么协议！）

领导者是有机会制定协议的。他们是怎么做的呢？通常来说，与"腐朽的社区生活结构"相比，他们更偏爱某些意识形态的学说，以为它们能够自己形成某些规则，或者可以直接援引它们现成的条例，新协议声称这些条例的解释权都归它所有。公共协议的语言不是领导者向下属下达命令的工具，也不是要创造一个驱逐"罪人"的程序，而是有担当的人共同去想象集体生活的工具，同时，他们知道自己喜欢这种生活，也知道自己有时会达不到这种生活所对应的期望。要想把让期望落空的那根稻草变成组织和个人学习的黄金，就需要有一个语境，能将个人的越界变成公共的违规行为。因此，达成公共协议是第 6 种语言的第一个目的。

在处理我们和同事的关系时，如果像"第一个来找我"这样的协议不能完全禁止那些无效的处事方式，那么持续使用公共协议的语言又能起到什么特殊作用呢？公共协议的语言的两个重要结果是：①体验组织正直（这与不公平、不专注和低效率的常见组织体验正相反，不正直的组织体验会让人士气低落、无精打采）；②把违规行为当作一种资源，而不是职业生涯中的可耻罪过，进一步揭示人们学习的内部矛盾。对此，我们将在总结第 6 种语言时进行简要阐述，还要提醒你一下，我们会在第 8 章和第 9 章中，再次思考该如何更深入地应用第 6 种语言和其他语言。

第 6 种语言对组织的改变：更正直的集体组织

正如我们所说，当卢克回应他的朋友，那个正在背后说人闲话的鲍勃时，他不仅提到了自己在参与这场对话时的不安，还提到了他和鲍勃共同达成的公共协议，由此他才得以脱离这个尴尬的社交处境。同时，利用这个协议，卢克还加强了自己和鲍勃（潜在的）对组织正直的体验。卢克经历了一个正在运行的组织机制，他的朋友刚刚越了界，但他可以利用组织机制，重新设定一条边界线。他能体会到，不仅是他自己，连同他的组织都变得更有效、更公平，也更专注地应对背后说闲话的情况，不然的话，就是往井中又多下了一点毒药。

同样，鲍勃也得到了机会，去体验在组织工作中有效、公平、专注的力量，这种力量是他帮助创造的。他现在看到，这股力量温和地把他抱了起来，然后将他送回他刚刚才越过的边界中去。实际上，如果鲍勃没有违反协议，那么就不会有人产生以上的种种体会。可以说，他的违规行为中存在着一种活生生的公共协议的语言，违规行为是一种潜在的资源，而非意味着协议的存在没有实际意义。协议从它达成的那一刻起开始有了生命，正因为有了协议，才明确了某些无法避免的违规行为，而只有在使用协议应对违规行为时，它真正的力量和效力才得以展现。

尽管公共协议绝不会阻止违规行为，但随着时间的推移，就像卢克做的那样，组织中会出现更多重置边界的行为，这样就一定会减少违规行为的产生。鲍勃不太可能继续对卢克说同样的话去贬低安·玛利（或者其他人）。鲍勃也许会无意识地试探这条界线的薄弱边缘，因为他会寻找一个"新的卢克"，但如果其他人能像卢克那样回应他，那么他可能就不会再频繁地在背后说人坏话了。在某种程度上，使用公共协议（而不是协议本身）会产生一股反向作用力，去对抗那股持续的、难以避免的组织不正直潮流。因此，使用协议来控制和减少类似鲍勃的行为，也许会让组织重焕新生。

在大多数关于组织学习的文献中，不良行为的减少就是学习的标志。这种对于学习的定义，源自一种实证主义、行为调节的概念，它从本质上把学习视为"为了实现某种目标，而对既定刺激做出反应的改变行为"。老鼠学会用杠杆来获得食物颗粒就是一个典型的例子。但我们应该已经说得很清楚了，我们的兴趣在于变革性学习。我们学习的方向，从它的根源来看，更多是认识论而不是行为学。我们感兴趣的是由认知变化引起的行为变化。

我们不相信老鼠本身真的会被改变，可以"学习"去压动杠杆。在回到正常的组织生活后，老鼠不会发展出更大的能力，为社区做出贡献。但是，一个开始对自己产生不同理解的鲍勃（以及安·玛利，还有卢克）比一个单纯停止使用诽谤手段的鲍勃对组织更有意义，因为他已经"认识到"了他在说坏话时不会从同事那里得到支持。

第 6 种语言对个人的改变：
重新启用新技术

这就引出了公共协议语言的第二种作用。这样的语境有可能创造出更多的组织正直体验；它也可能揭示我们（在第 3 章中）已经看到的内部矛盾，而这些矛盾正是变革性学习的丰富资源。第 9 章会说明，在思考如何进一步应用这种语言时，我们不用为违规行为感到自责，而是应该怀着特殊的好奇心去看待它。这些违规行为不应该被送上组织的法庭，而应该进入一间教室。我们认为个体应该对它负责，但并不是以一个忏悔者的姿态，而是以一个学习者的身份。

让我们再看看鲍勃和卢克吧。鲍勃去找卢克谈论他和安·玛利的矛盾，并且不是为了批判性地反思他自己的行为，而是试图拉着卢克一起说安·玛利的坏，鲍勃违反了自己制定的协议。同样地，卢克（在第一次的演示中）也违反了这条协议，因为他参与了这场对话。那么，这是否就意味着鲍勃和卢克在达成协议时并不真诚，甚至十分虚伪？显然不是。我们已经（在第 1 章和第 2 章中）证明了，每个人都可以毫不困难地发现自己拥有一个承诺，这个承诺非常真诚，但实际上的行动又与它背道而驰。每个人都可能成为鲍勃或者卢克。

如果有人从未真诚地认同这项协议，那就是另一回事了。在这种情况下，人们应当更开放地看待群体间的不团结行为。一方面，这个群体逐渐（通过一系列协议）使它的定位更加明确，也就是它希望变成什么样以及该如何发展；另一方面，某一个成员也许会看到，他不能真诚地认同这个逐渐出现的新定位。与一般组织内的意见分歧相比，这可能是一个信息量更大且不言而喻的背景，促使团队和成员分道扬镳。人们每天都会主动或被动地离开组织，从个体来说，通常很少有人体会过组织正直。不过，如果有成员离开是因为组织已经更好地定义了它想要如何运作，以及它代表了什么（它使用前几章介绍过的语言，做出集体性的第一列承诺），那么组织的分裂可以让所有人（甚至是那个因为不认可组织新理念而离开的人）都更清晰地感受到组织正直。

然而，在大多数情况下，违规行为有一个更有趣也更复杂的源头。违规的人不是不真诚，他也会真诚许愿，要达成协议，完成目标（我们在第 1 章中将其称为第一列承诺）。然后，就像鲍勃或者卢克，他们依然违反了这个协议（这就是第 2 章中的第二列所示的行为）。

采取一种好奇的并以学习为导向的（而不是自责和忏悔的）态度面对违规行为，这又是什么意思？快速回顾一下本书的前几章，你就可以很好地回答这个问题。如果人们对于自己违背承诺的行为采取自责和忏悔的态度（普通的担当形式），那么就会带来所谓的新年宏愿，无论意图有多好，这个承诺都不会产生什么力量和影响。

反之，如果人们把第二列所示的行为当作一个入口，探索他们内心中的对抗性承诺，他们就可以使用公共协议的语言，重启新的学习技术，为自我反思创造一个更开阔的空间，这样才能产生认知上的改变，从而带来实际上的行为变化。

表 6-1 展示了规则政策与公共协议的对比。

表 6-1　从规则政策的语言到公共协议的语言

规则政策的语言	公共协议的语言
• 习惯性的	• 极其罕见，没有领导的意图
• 用于创建秩序（从上到下，或者从外到里）	• 想要从内部创建组织正直（机构的公平、专注和高效）
• 通过书面手册或隐含的规范形成制度，极少针对规则和政策进行讨论，不会有共同制定或达成一致的体验	• 共同理解公共协议的意义，经历共同制定和认可协议的过程
• 通常只在遭到违反后才进行讨论	• 在违反共同理解之前进行讨论和确定，因此在出现违规行为时，能够提高个人和组织的学习能力
• 违规行为将被忽视或私下处理，并被认定为麻烦问题	• 通过制造可见的矛盾，违规行为可以作为个人和组织学习的资源进行公开处理
• 人们的理解各不相同，而大家都意识不到	• 对协议本身和它的目的具有一致理解
• 为领导或权威创造一种社会工具，以纠正违规行为	• 在同事间创造一种社会工具，以纠正越界的违规行为
• 被"纠正后的"人感受到了能够控制行为的组织能力，但他们并没有参与创造这种能力	• 被"纠正后的"人体会到了组织正直，他们自己亲身参与创造了这种能力
• 非变革性的；塑造行为，而不是塑造新的意义	• 对个人和组织来说都是一种转变

一个已知案例

我们以一个真实案例结束这一章，这个例子很像卢克的第一次演示。不久前，一个人和我们合作，他跟卢克所处的困境一模一样。他真诚地承诺，要与产生摩擦的同事直接交流，而不是去找第三方在背后说人坏话。然而，他坦诚地说，他经常作为第三方参与这类对话。

他有机会从这些破坏行为中找到隐藏的第三列承诺（如第 3 章所述），以下是他所说的话：

如果不这样做，我会害怕什么？嗯，好吧，那些人喜欢来找我，也愿意告诉我他们和某人之间的矛盾，如果我不去回应他们，我会觉得自己放弃了工作中一件让我感到很重要也很特别的事，这就是实话。你看吧，这件事是我很擅长的。我让别人觉得舒服，愿意向我吐露心声，而我很喜欢成为这样的人！所以我想，用你的话来说，这应该是"我承诺要成为一个知心听众，欢迎人们来找我聊天和倾诉抱怨，通过这么做，我感到自己在工作中既特别又重要"。

探索对"第一个来找我"协议的违反行为，使他构建了一个内部矛盾："我真诚地承诺，让不和的同事直接交流（我不作为第三方被卷入其中），但我也承诺去倾听人们的闲聊和抱怨，享受工作中特殊和重要的感觉。"利用自己违反规定的经历，这个人现在重新启用了新技术。他已经能把焦点从违规行为本身，转移到那个更大的、持续对抗改变的"免疫系统"上了。

他现在还发现了一个很棒的问题。正如我们所说，他最好先不要尽快解决这类问题，而要将它留存下来，观察问题是如何解决他自己的。更重要的是，这一矛盾问题间的紧张关系不仅仅是个人内部的，同时还是人际的、社会的和组织间的，因此他才难以遵守公共协议。在第 9 章中，你即将看到，有更多的理由（和资源）让他继续留在这个矛盾之中，但这不一定是件坏事，反而可能会让事情变得更好。

正如第 3 章所讨论的那样，人们希望掩盖内部矛盾，在这方面组织和个体是一样的。但是，如果这个内部矛盾让个体违反了公共协议，那么组织就不会忽视这一点了。相反，组织会直接看向个体，它就像个好老师，不会与人们心中想逃学的念头串通一气，而是对人们的逃避怀有真挚的好奇心，并提出一个好问题："怎么了？"

从建构性批评到解构性批评：将冲突转化为学习机会

你注意到了吗？我们把"冲突"这个主题留给了第 7 种也是最后一种语言。讽刺的是，当我们受邀进入组织、部门或者工作团队时，人们通常最先向我们提到的就是冲突。"我们这里有很多问题，可是没有好办法去解决。你们是心理学家，也许可以帮忙解决这些问题。"或者，"我们之间存在竞争，你来当裁判"。我们通常会拒绝这些请求，并建议使用更有效的方法来解决冲突。我们不会早早介绍第 7 种语言，而我们在本书中也是这么做的。

这并不是因为对抗和愤怒的交流令我们局促不安，也不是因为我们认为咨询顾问必须要循序渐进地缓解困境，更不是因为我们觉得人们都太脆弱了，他们需要受到保护，免得让他们因为外界的负面看法而感到不适。

那么，为什么我们要这么晚才讲到冲突？作为外协专家，我们与其他团队合作时一直牢记一件事，那就是从一开始，我们就要朝着退出这项业务，朝着让团队不再需要我们这个目标前进。我们希望团体组织对我们的依赖日渐减少，而非增加。因此，我们希望团队能够自己掌握和保持对特定语言的练习能力，而不是总寄希望于我们。举个例子，如果一个团队没有做好准备去实践持续关注和担当的语言，那么就算我们能激发出直接、具体和非定性的感激与钦佩，或者只有我们承担起责任，这还远远不够。如果只有我们在使用和维护这种语言，那么这个团队就不会成功地实践这门语言。为什么呢？因为只要我们撤离了这个组织，这种语言就崩塌了，它会彻底陷入休眠。

因此，在转向冲突这个主题前，我们要坚持培养团体实践其他语言的能力，这并不是出于我们的温和与贴心，而是出于严苛的判断，我们判定大多数群体在刚开始时集体能力不足，不能以一种高效的、学习型的方式练习冲突导向的语言。（我们拒绝从群体的内部冲突开始工作，当团体成员对此表示质疑时，我们会在拒绝背后做出他们能力不足的假设，并且邀请他们，如果他们愿意的话，可以与我们一起进行验证。这些团队通常都由精英组成，但他们很快就发现，作为一个集体，他们还没有做好涉足这个领域的准备。）

因此，如果我们的目标不是提供一个技术上的、短期的、依靠外部介入来解决问题的方案，而是要提高组织持续的内部能力，并增加将冲突转化为群体和个人学习的机会，那么我们认为，重点应该放在让群体提升能力，而不是让我们高效地裁决冲突。正因为我们相信，有效使用冲突的方法是一门高超的艺术，所以我们才不从这里开始。一个团队需要时间，不是为了聚集勇气并变得无所畏惧，而是为了提前完成一系列必需的学习准备。

从直觉来看，显而易见，要产生更高效的对冲突的表达，就要有持续关注。人们不能只是责怪他人，而要在事务中更多地承担起自己的责任；人们要意识到大假设和自我保护的承诺会对冲突局势造成怎样的影响；人们要事先达成一个公共协议，也许还需要制定应对冲突的协议。除此之外，还需要重新考虑一下，人们首先想到的冲突的高效表达应该是什么样的。

大多数人会想到类似这样的事情：人们勇敢地交换了不幸的消息，大家终于说出了实情。然而，这种传达令人难以接受的真相的语言，尽管它暂时揭开了真相，尽管它勇敢地留在当下去倾听真相，但不一定会带来变革性学习。人们首先要考虑，自己所讲述的真相到底是真相本身（这真相最后总会让人们得到解脱），还是他们所看到的真相。这一区别十分关键，如果人们没有提前设计一种区分真相的语言，那么当前的冲突不会被重建，而过去的所有事都必然会再度发生。

□ 默认模式：破坏性或建构性批评

让我们一起来看看沟通冲突的一个简单版本，对冲突的学习型解决方法，和人们脑海中或文献中现存的方法有所不同。想想这种情景，假如你给了同事或者下属批判性的反馈，因为在你看来，你不满意同事完成工作的质量或者下属的表现，这就是冲突。

现在，请做一个快速练习，回想一下最近你给其他人负面反馈的情况，可能是你知道自己需要和别人谈谈，但你并没有去，或者是你最近正在思考该如何处理的冲突。在一张纸的顶头，写下"以下是引发对话的情况"（见表 7-1）。花几分钟时间，把引发这些对话的情况描述记录下来。然后在这张纸上继续写下笔记 1 中的其他提示，再根据提示写下你的回答。这样，你就记录下了：①你说过什么话（或者假如你说过什么话）；②其他人说了什么（或者如果对话发生，其他人会说些什么）；③在对话前和对话中你有什么感受；④你对这场对话（如果你开始了这场对话）进程的反应，思考一下为什么你会有这些反应；⑤如果你还记得对话前的状态，就写下你之前对它有什么感觉，以及为什么你会有这样的感觉。如果你之前感到紧张或者焦虑，那么，为什么你会有这种感觉？如果你渴望这场对话，那么，为什么你会对它有所期待？

表 7-1　笔记 1

（1）以下是引发对话的情况：

_____

（2）以下是我在一开头说的话（或者假如我应该说什么话），以及他人对此的真实反应，或我想象中他人的反应：

_____

（3）以下是我在谈话前和谈话中的感觉，以及我对为什么会有这种感觉的一些想法：

_____

（4）以下是我对谈话进程的反应，以及对为什么我会产生这样的反应的思考：

_____

（5）以下是我在谈话前的感觉，以及对为什么我会有这种感觉的一些想法：

_____

我们稍后再回到这部分内容。

丹尼尔·戈尔曼（Daniel Goleman）在《纽约时报》（*New York Times*）上对亨德里·魏辛格（Hendrie Weisinger）的著作进行了评论（1990年9月16日），并给出了一个类似情况的例子：

一位工程师向他在职的高科技公司的副总裁递交了一项计划书，用于开发新软件。工程师和他的团队一起，满怀期待地等待着，期望得到领导的表扬和鼓励，毕竟这项计划是好几个月工作的成果。

副总裁的反应却很严厉。"这份项目书太荒谬了，"他说，"它不可能通过我的审批。"然后，他的声音充满讽刺，补充道："你都研究生毕业多久了？"

现在，花点时间看看这样的反馈。对此你怎么想，为什么？在另一张纸上，写下笔记2的标题。写下你对副总裁反馈的意见以及原因，在此过程中，具体说明你认为哪些因素具有潜在的破坏性，或者存在一定风险，并说明为什么。如果你看到哪些因素具有潜在的建设性，也一样把它们记录下来（见表7-2）。

表7-2　笔记2

反馈（工程师和副总裁的例子）	
建设性	破坏性
•	•
•	•
•	•
•	•
•	•

以上是副总裁反馈的建设性和破坏性因素列表，从现在开始，你可以给反馈时"能做"与"不能做"的事项清单打个草稿了。在一张新的纸上，创建笔记 3 的标题与表格（见表 7-3）。尝试把这两列的事项写得具体一些。例如，如果你认为副总裁问工程师"你都研究生毕业多久了"会产生不良结果，你就可以在"不能做"那一栏中写下"不要嘲笑"或者"不要问讽刺的问题"。

表 7-3　笔记 3

在给出反馈时	
能做	不能做
·	·
·	·
·	·
·	·
·	·

魏辛格，加利福尼亚大学洛杉矶分校管理学院的心理学家，也是《批评的边界》（*The Critical Edge*）一书的作者，他评估了副总裁的反馈，就像我们要求你做的那样。我们猜，你不会感到惊讶，他把这看作管理者在给出负面反馈时最常见的错误案例之一。他说："最糟糕的批评就是笼统地宣称'你真的搞砸了'，而不给这个人提供一些改进方法。"他解释了原因："这只会让人感到无助和愤怒。"

我们猜想，你的事项列表也许和魏辛格的建议存在某些相似之处。如果你提出了很多和他一样的建议，那也不奇怪。当人们停下来进行思考时，大多数人都知道，有技巧地给出反馈需要哪些基本要素。

魏辛格认为，建设性反馈常常是具体且及时的，具有支持性，能解决问题；破坏性反馈常常是模糊而悲观的，常常旨在指责他人，并具有威胁性。

现在，如果有人在做我们称之为"信息"训练的培训，他们的目标可能是帮助你系统性地练习一些小技巧。你肯定都有这样的经历，理论上理解了一些事情，然而在实践上却遇到了困难。因此，你可能要回顾一下自己的反馈或者那些矛盾处境，评估自己写的内容和魏辛格的建议是否匹配。然后，你要找出这两者间的差距，试着提出更有效的方法。

稍过一会儿，根据一位参与者的有效反馈，你也许就能掌握这些技能了。接下来的挑战是，当开展实际工作时，你是否能够提出如此有效而巧妙的批评。如果坚持练习（也许你会去进修班，或者让周围的人来帮助你），相信你一定能学会如何长期应用这些方法。通过这样做，你能出色地表达出魏辛格提出的建设性反馈，就算最理性的人也不过如此了。

但我们认为，许多关系已经被破坏了，许多工作环境都中了完美表达建设性反馈的毒！（或者就像威廉·佩里曾经说过的那样："援助之手又伸过来了！"）

如果被迫要在破坏性反馈和建设性反馈中做出选择的话，相信你和我们一样，会更倾向于选择后者，但我们不会再引用魏辛格其他的示例表格，建设性反馈不是我们唯一的选择。在这一章中，我们会提出一种充满冲突的语言，这种语言也和建构性冲突大相径庭。

建构性批评背后未经检验的大假设

回到魏辛格提出的那些极为理智的建议，请你看看自己是否能推断出任何支持这些建议的隐蔽假设，问问自己能否辨别出隐藏在这些建议背后的假设。也许以下这个问题可以帮你找到这个假设：要使这些提议显得既连贯又合理，你需要把什么当作既定或假设的真理？

尽管魏辛格没有承认也没有明确提出，但有几个有趣的假设还是可以推断出来的。第一个假设是：反馈者（我们称他为主管）的观点都是对的，也就是说他所看到的、想到的，以及他的反馈都是正确的。附带的假设是：正确答案只有一个。当你把这两个假设放在一起时，它们就等于：只有主管持有唯一正确的观点。（我们称之为"超级视角假设"，也就是说，主管具有超凡的视角。）这一假设的推论是，接受反馈的人（我们称之为员工）没有正确答案，员工的观点是错误的。

得到进一步发现的假设是：在这种情况下，主管承担着最大责任，这是他分内的责任。他要准备好：①准确说出接受反馈的人的错误；②使人感到批评有助于进步；③提出解决方案；④及时反馈信息。也就是说，主管应该说明问题、给出建议，并且给予帮助；员工的职责就是倾听、认可，并且接受。

在工作中，如果那些看似合理的"能做"和"不能做"的事项是以这样的假设为基础，那么据此得出的结论就是，批评是为了让主管能使员工正确地看待事物，也就是说，将主管的思想（正确答案）转移到员工的头脑（需要正确答案）中去。教育界人士把这种观点称为教育的传送模式，因为这项活动就像电脑下载文件一样，只是向接收端发送信息。

□ 探索大假设

　　要明确的是，我们并不是在说所有假设都是不好的、无效的、缺乏根据的。正如第 4 章所说的，去了解假设并不意味着要宣称它们是不准确的或无效的。只要察觉到这些假设，你就可以开始和它们构建一种谨慎的关系。现在可以提出一些问题：你正在运行的假设是什么？你对它的想法是什么？相信这个假设，你可能会付出什么代价？又是在什么样的情况下付出代价的？有没有一些益处？你是总能获益，还是只在某种特定情况下才有收获？最重要的一点或许是，你怎样才能知道这个假设是不是真的？

　　为了解释清楚，现在我们请你关注一下"副总裁有正确答案"这个假设。如果只存在一个正确答案，那这个假设就可能是真的。（当然，这就提出了这样一个问题："在什么情况下会只有一个正确答案？"）只有在一种情况下，那就是当人们考虑一个封闭系统时，这一想法才有意义。比如一盒拼图，它一定只有一个正确答案，其余都是错误答案。你知道的，只有一种方法可以把所有碎片连接起来，拼成一幅完整的画面。（即使是那些新的"多合一"拼图，它们在每一块拼图的正反两面都有图案，正反两面或者不同的碎片摆在一起会形成不同的画面，但它也是一种封闭系统的形式。这个系统确实比传统的单张拼图更复杂，但仍然是封闭的。）

　　无论你在反馈场景中的做法是对是错，它都是一个开放性情景，没有唯一的正确答案，存在很多合情合理的观点。在这个情景中，你有很多方法可以把所有的拼图碎片拼起来，形成各种完全不同的图画。甚至还有更复杂的情况：拼图碎片的数量可能是不确定的；甚至某件东西究竟是不是拼图碎片都还不确定，需要做出判断并进行解释；再或者，也许根本没人知道，拼到最后会出现怎样的图画。

在这些情况下，你不能简简单单就说自己是正确的，但可以做到相对正确。这取决于你是否接受可以有多张不同的图画，并且同意去选择其中特定的一张图。在这里，正确就相当于一张合理的图画。举个例子，如果你拥有准确而高质量的数据，有一个向员工解释这些数据的共同准则框架，并且可以合理地解释所有重要数据，那么在这种情况下，你就是正确的。

有时，即使在很复杂的情况下，你依然假设自己是对的，这也是合情合理的。然而，被放到其他某些场合中，同样的假设一定是不合理的。一旦考虑到这两种可能性，你就必须承认，不能轻易深信自己的观点。（或者你应该后退一步，走出"你知道正确答案"这个假设。）你可能是对的，但也可能是错的。也许你是在不完整的数据基础上评估了目前的情况，或者你并不能准确认识到某人正在做什么工作，这些都可能是没有正确答案的情况。无论你的假设是否合理，它都不再是确定无疑的真相，因为你不再处于只有一个正确答案的领域之中了。在这种情况下，员工可能也有合情合理的见解。

老实说，我们之所以选择关注"我是对的"或超级视角假设，是因为它在十大冲突条件的榜单中高居榜首，而这些条件对学习十分不利。这个特别的假设阻断了人们的学习进程，并且这样做会使它一直强有力地控制着人们的信念。为什么呢？因为如果你认为自己是对的，那么你就没有理由去检查自己。其他人也许会给你传递一些信息，告诉你应该重新思考自己的处境，但如果你从不怀疑自己的观点，那么你很可能会对他人传递的信息产生误解。

未经检查的假设（即"我是正确的"）一直保持不变，是因为人们解释事物的方式和自己本身的想法一致，他们就认为自己是对的。如果主管认为他是对的，那么他很有可能怀有我们之前指出的假设，也就是一场重要的谈话是为了让另一个人改变。他已经做好准备，打算把员工提出的所有分歧都确凿地看作长期存在的问题——"他有戒心""他没有学习能力"或者"他很愚蠢"。主管不会觉得自己的观点是模糊的、有局限的或是错误的。那么，显而易见，在这样的情况下，主管不可能判断出自己的观点是否正确。

□ "真相"的既得利益

我们还发现，关于这个强大的假设，另一个值得注意的地方是它对个体的束缚：只要他坚持自己的观点是正确的，维护这个观点的真实性，他就有既得利益。因此没有人情愿放弃这个"真相"。

这种既得利益会转变为多种行为。例如，请考虑一下，你为什么不愿批评别人。如果你相信自己的批评是对的，那么就很容易理解，为什么批评别人会让你感到不愉快。你知道真相很伤人。你可能会觉得，如果传达了真相让别人的负担加重，自己就应该为此承担责任。

可是换个角度想想，如果还是和想要批评的那个人开展对话，但你知道自己也许并不完全正确，甚至可能是错的，这又是什么感觉呢？突然间你改变了想法，不再想以委婉又智慧的方式让别人从自己的角度看待问题（有人曾经告诉我们，他得到了一位有经验、有能力的经理的评价，而他直到对话结束几个小时之后才反应过来，他得到的是负面的反馈），而是要思考究竟发生了什么事以及你的批评是否恰当。于是你成了探索者，对自己的看法保持开放的态度，当发现了新的利益或信息时，你愿意为之做出改变。

如果你认为自己是正确的，那些被迫接受你想法的人会付出额外的代价。一旦将自己的观念确立为评价他人的标准和规范，你就会从根本上以个人偏好对待他人（你的偏好有时是崇高而公平的，有时则并非如此）。

当你让权力较小的接受反馈者为你的个人偏好负责时，他们就会付出高昂的代价。想想这样一种情况，作为管理者，你告诉下属一个坏消息，说她把你委托给她的任务搞砸了。你准备好了谈话中自己应该负责的部分，特别注意去公正又具体地表达出你所看到的问题，并且小心地向她展示你的证据，从而尽可能降低她的防御性，最大限度地让她感到你是想要帮助她的。这个下属会直接质疑你的判断吗？或者会质疑支撑这个判断的数据质量吗？很可能不会。她可能会觉得自己有义务按照你告诉她的去做。

她付出了代价，你也一样。你的组织最终也付出了代价，因为你对她（以及所有处于权力等级中的人）的暗示是，别去思考，也不要自己做出评判，只要跟着领导者走，听从他的指示就够了。

现在，请回到你之前做的小练习，看看你之前对于负面反馈经历的叙述。前面已经对"我是对的"这一假设的潜在问题进行了详细讨论，我们可以想象，你可能希望自己没有这种假设。但我们还是想知道，你能否看到"我是对的"这个假设实际上就隐藏在你那段冲突对话的开场白中。

这并不令人羞愧。首先，很多优秀的人其实都和你一样。根据我们与高层管理人员、法官、医生、心理学家、校长和大学管理人员合作的经验来看，"我是对的"假设是领导职位中最受欢迎的假设之一。其次，我们想提醒你的是，让你感到羞怯甚至尴尬的事情，往往并不归咎于你的基因或者性格，而是出自那些可改变的承诺和你持有的假设。

第三种选择：解构性批评

在破坏性批评和建构性批评之外，我们提倡的第三种选择是什么呢？这种批评既不同于会击垮一个人的贬低、蔑视和惩罚性交流，也不同于及时、充满同情和支持、明确而有指导性、解决问题的交流，像扶一个人站起来那样。如表 7-4 所示，在建构性批评明显的优点背后，存在着一系列的学习障碍，要克服这些障碍，你不能只反思自己提出的负面评价，而要反思负面评价背后那个"我是对的"的宣言。这就是解构性批评，因为它的中心既不是拆毁也不是建立，而是分解，它首先关注人们自己的评价和判断，而非其他。这种方法从新颖的视角看待区别、分歧、否定判断以及批评反馈，而使用这种方法所进行的对话，就是解构性冲突的语言。

表 7-4　两种充满冲突的交流方法

属性	信息行为改变的 建设性交流	变革性行为的 解构性交流
富有成效的交流者会怎么做	让得到反馈的人去做	创造一个学习的环境
活动的最大威胁是什么	外部的，即其他人的行为	内部的，即双方的观念和假设
承担学习风险的人是谁	只有接收消息的人（即使如此，也只能学到领导者所期考的，或是领导者希望别人去做的）	交流双方
其他人被看作是什么	被看作一个行为不满者，被动执行指令的人	被看作完整的、有想法的人或系统，其行为或选择能表达一些普遍的信仰、信念、原则、理论
谁知道事情的真相	领导者知道真相	知道真相并不是必要的；也许一方知道真相，也许都不知道
是谁搞不明白事情	是其他人，如"你没有限上，是你迷失了，忘记了，我试图寻找一些最温和、最有效的方式告诉你一些事，然而你从未记不住"；"说教"立场相较于询问同事立场	是领导者，如"我看见你正在做这件事，而没有做那件事，在我看来，我不明白为什么你会这么做"；真诚表达困惑（相较于批评）并探究这到底有什么意义
冲突的本质是矛盾，而矛盾是什么	一个需要解决的管理问题	对个人和集体学习而言都十分丰富的资源
基本立场	"我是对的"或者"你是错的，所以……）""我该怎么告诉你这个坏消息呢？我该怎么让你做出改变呢？" "教"你 "我在让你回归正轨"	自我尊重（"我对这件事也有一些想法，我的观点确实让我认为你是'错'的，但是……"） 尊重对方，如"你也是一个有自己想法的人" 不断变动的不确定性，并非傲慢大意或优柔寡断，而是不认定自己的观点就是对的，"因为我发这么看待这件事的，所以我很困惑（我们双方可能都会改变）正当的探索追寻明确的答案："你能告诉我，我哪里里想得不对，把我拉回正轨吗？"

重新审视新技术：通往外部矛盾的"大假设"方法

你现在可能已经想到了，第三种解决冲突的选择是将个人学习的四列概念表技术带入社会、人际和组织世界。通过把冲突重新定位为"外部矛盾"（也就是整个社会持续抵抗着改变的动态平衡进程），你必然要走到明面上来，第一次检验维持平衡的大假设。

有个例子能说明如何快速进入解构主义立场。最近，我们为一群学校管理者举办了一次团建活动，在活动中，我们要求参与者在决策和冲突等多方面评价他们的团队。当谈到冲突的层面时，他们告诉我们："这其实不是我们的主要问题。我们很少产生分歧，就算产生了分歧，它也从来都不是什么大事。"我们已经了解到，有时对工作冲突"没什么大不了"的反应反倒意味着"这是一件大事，我们不敢触碰它"。如果这个团队愿意，我们会尽力去了解其所说的"没什么大不了"的问题。

经过团队的允许，为了更好地理解成员表达冲突的方式，我们请他们做了一个简单的练习。（当然，我们现在也邀请你进行这个练习！）我们让他们看了一张图画（见图 7-1），并且告诉他们，他们可以互相探讨自己看到的东西。

从他们的面部表情推测，有些人对讨论这张画感到困惑，更不用说把这张图和冲突的话题联系到一起了。（如果你也正在做这个小练习，你看到了什么呢？）人们开始讨论。一个人说她看到了一位少女。其他人

图 7-1　小练习

也加入了讨论："是的，而且她长了个秀气的小鼻子。""她还戴着项链和一顶羽毛帽子。"另外却有人说："什么？""在哪里？""我看到一个老妇人。""是的，她的鼻子很大。""而且她的头上围着头巾。"

交流了几分钟后，我们要求人们迅速反思一下："你现在有什么感觉？"他们的回答各式各样。一些人说他们很困惑，重复说："他们是怎么看到另一个女人的？我就不行。""为什么我就没看见？"其他人也很疑惑，同时还不相信，互相说着："我没看见他们一直在说的那个女人。他们是认真的吗？"一些人说，他们对于目前发生的事感到有些紧张和不确定。还有一些人说他们很沮丧："我看不见她。"（针对他们第一眼没看到的那个女人。）

我们还没有听完每个人的话，突然有一个响亮的、如释重负的声音响起："哦，等一下，我明白了！"两个看到了不同女人的参与者一直在互相讨论。他们互相向对方展示图片上的那个不同的女人在"哪里"。（如果你也在寻找另一个女人，试试这样：如果你看到的是一个少女，而你想找到那个老妇人，那就试试，把她的耳朵看成眼睛，她的下巴和下颌轮廓是老妇人的鼻子，她的项链是一张嘴，而她的脖子变成了下巴；如果你看到的是老妇人，正在寻找少女，那就试着把老妇人的那只眼看成一只耳朵，她的鼻子是少女的下巴和下颌弧线，把她的嘴看成项链，而她的下巴是少女的脖子。）

你可能以前就见过这张图片，知道这来自 20 世纪 30 年代的格式塔知觉心理学（Gestalt perception psychology）。这幅图有意做出两种解释。没错，这张图片是个陷阱，但它远不如现实生活那么棘手。在集体环境中既解释图片又讨论解释的过程再现了人际冲突的一些最基本要素，以及在冲突中那些一直运作的假设。

对于这张图片，有些人即使发现自己与其他人所见不同，也依然不会怀疑自己的眼睛。有些人则对其他人讨论的不同事物很感兴趣。对这些人来说，他们会努力寻找这张图的另一个画面。因为别人看到了别的女人，所以他们会积极寻找另一种解释。还有很多人感到沮丧，因为他们尽了最大努力去告诉别人自己看到了什么，却没有成功。

　　这样的体验引发了一个问题：图画在哪里？我们倾向于假设，图画就在这张纸上。（不然为什么你在看到这张图片后，不再去寻找另一张呢？）我们也可以假设，纸上只有一张图片：如果我们复制了 20 张图并分发出去，它们都是一样的，那么每个人就都得到了一样的图片。（否则人们为什么会在听到别人给出不同于自己的答案时会感到惊讶呢？）所以，我们可以推测，人们看到的是同一张图片。

　　事实上，一张图片只是黑暗和光明的斑点、线条和空白的组合，人类可不像图片那么简单，人是创造意义的有机体。人们对那些明暗交织的斑点各有不同的理解。我们的观点是，人们不会随便选择已经存在的现实，而是会自己创造现实。人与人之间之所以产生问题，是因为你的现实不等同于他人的现实。冲突、反馈和人际分歧都可以被理解为一种表达，代表着个体创造和他人不同意义的能力。就持有不同意义本身而言，这没有什么问题。但如果你坚持自己的意义更好，甚至都不去探索这些意义是否正当，那这就是个问题了。这么做，你就把自己的意义变成了大假设。（顺便一提，在讨论过人类是意义的创造者之后，团建的参与者们开始描绘出一个更复杂的团队形象。不同于他们之前所说的"没什么问题"，在几个小时之前，人们还措辞温和地说"这是一件大事，我们不敢触碰它"，而到了中午，他们就开始讨论一些存在重大分歧的问题了。)

　　意义不同不一定是个问题。但如果回顾一下上一章，你会发现，本书第一部分中介绍的内部语言有一个核心元素，即个体在努力揭示和认清与不同（矛盾、不一致的）意义的关系，而这些意义是个体自身内部创造的。我们认为，内部矛盾这条道路虽然有些坎坷，但有助于建设通往变革性学习的康庄大道。破坏性冲突的语言说明，人际矛盾能更进一步地建设这条大道。冲突，哪怕是持续的冲突，并不一定会使组织生活衰弱或产生障碍。相反，无效使用冲突的方法，或是误用了冲突，才会削弱和阻碍组织的功能。

　　尽管很多领导或者管理团队（在许多追随者的共同帮助下）已经做出过尝试，但是没有人能消除工作中的所有冲突，一个常见的结果就是，冲突被赶入了"地下"，在那里腐蚀了工作环境的根源。但是，作为语言的塑造者，所有领导者和管理团队都有机会创造一个理解和使用冲突的框架，从而不仅防止冲突破坏组织的良好秩序，而且还将其转化为个人学习和组织学习的资源。这是第 7 种也是最后一种语言的夙愿与目标。

使用第 7 种语言：对人们大假设的十大挑战

　　要使用这种语言，首先需要理解人们对冲突本身的大假设，包括"我是对的"假设。稍后，我们将思考解构的十大挑战。这是为了帮助你探索自己的大假设，把意义和解释分开，把它们"拆解"，以便你可以在需要时对大假设进行改造。总而言之，这些具有挑战性的命题提醒你，你可能有很多地方做错了，但问题的关键并不是轻视或者责难自己，也不要为了坚强而坚强。了解到自己可能是错误的，就是一个从阳面过渡到阴面的过程，阴面即人们认为（同时也相信）自己是正确的，后者当然让人更易理解，也更发自内心。

为了使这些观点不再这么抽象，你可以再看看本章开头，在那里你思考过自己当下或是曾经遇到过的现实冲突。你可以把每一个挑战性命题放入记忆中真实的冲突情境，然后对它们做出反应。我们并不期待笔记 4 中的命题能立刻引起你的兴趣、使你感到愉悦、触发灵感，或者立即让你从目前的困境解脱。反之，它们中的大多数（从第二个命题开始）很可能会引起不耐烦、怀疑或者烦恼的感觉。笔记 4 如表 7-5 所示，在一张纸上，将你的反应记录在每一个命题的右侧。我们希望，你能对这些问题做出丰富的反馈。你甚至可以把它们看作你和我们之间的一种冲突，这可是很有价值的！

总的来说，思考这些命题可以使你在对待不同观点时从说教模式转向学习模式。你不再是唯一知道正确答案（具有超级视角）的人，也不再是热衷于把自己的观点高效地传授给同事或员工的人。大家都是自我学习者，同时也是学习对方的人，尤其是在彼此存在差异的情况下。如果能有效地怀疑自我，你就能成为自己观点和同事或者员工观点的学习者。弄清楚你是如何自圆其说的，又是如何在存在鸿沟或他人不理解的情况时，不去检验自己的想法的，同时要更清楚地表达你的意思，这样做不是为了让别人明白你的观点，而是为了让你决定是否应该改变自己的想法。

　　这会让你很容易发现自己观点的局限性。你没有把事情说明白可能是因为其他人听不到或不愿听，也可能是因为你的逻辑有问题。你可能遗漏了必要信息或者重要的上下文背景，或者你对某些信息的重要性做了自己的假设。你创造的意义可能恰恰就是误解的来源。

　　你应该去了解其他人是怎么看待当下的情况的，这可能会让你发现看待事物的不同视角。首先，他人的观点可以帮助你更好地定义自己。此外，你会了解到，他人的观点可能是另外一种重要而合理的观点，之前之所以没有考虑到这一点，是因为你是基于自己的观点而思考的。另外，你可能会发现自己对他人的理解、集体合约的制定以及他人最初的想法都可能会阻碍改变的发生。这样的学习过程说明，对一些人来说，要做出改变，他们就需要理解自己的观点及其局限。

表 7-5　笔记 4

解构性命题	你的反应
①我的观点可能是有价值的	
②我的观点可能是不准确的	
③他人的观点即使是没有价值的，也具有一定的条理性	
④也许合理的解释不止一种	
⑤另一个人对于我的观点的看法是很重要的信息，可以帮我评估自己是否正确，或是帮我确定自己的观点有什么价值	
⑥我们的冲突可能来自双方的承诺不同，包括我们没有意识到的承诺	
⑦双方都能从对话中学到一些东西	
⑧我们需要双向交流才能互相学习	
⑨如果矛盾可以成为我们学习的资源，那么除了内部矛盾，我们还可以把人际矛盾（比如"冲突"）当作学习的资源	
⑩对话的目的是让我们双方更多地了解自己和他人都是意义的创造者	

在向你介绍这些解构性命题时，我们（像往常一样）敦促你去持续追踪你对它们的反应。希望你现在就能投入这项工作中。虽然这些命题会帮助你挑战那些自己已经意识到的冲突假设，但为了确定更深层的假设，你还可以继续挖掘自己对这些命题的反应。例如，给出这样一个解构性命题，"对话的目的是理解我们的冲突，而不是为了说服对方"。也许我们会认为这个命题"绝对不可能"。我们会觉得，"那这个对话还有什么意义呢？"

如果我们能够发现是怎样的假设导致了这样的反应，也许就能认识到，我们提出了这样的假设，即领导者或者管理者只有知道正确答案才是高效的。你也许会假设，不知道正确答案意味着自己软弱无能，或者正相反，你根本从未怀疑过自己的正确性。

这可能与另一个假设相关，与等级制度相关，具体来说就是领导者理应比与员工知道得更多，所以领导者才会得到更多报酬，并且拥有更大的决策权和责任。在给予他人反馈的情况下，你可能会被自己的假设限制，这个假设是"大家应该知道，我们并不应将其他人当成真正的合作者，而是要把我们创造的意义告诉对方"。

或者，你的反应与一般冲突的假设关系不大，而更多是与某个特定的和你有冲突的人有关。请你根据自己经历过的真实冲突场景，思考 10 个解构性命题。当进行到第 8 个命题（"我们需要双向交流才能互相学习"）时，你的第一反应可能是"没办法和这个人进行双向交流，他只会策略性地听别人说话，而且他说的每一句话都包含着不可告人的动机"。

好吧，这种反应会引导你对这个特定的同事做出重要假设。

并不是说这种假设是错的，我们的意思是，这种假设至少在两个重要方面上可以得到改善。第一，如果存在一种针对冲突的语言，你不知道对话会不会有出人意料的发展。第二，你不知道对于这个人的看法是否始终合理。它经过验证了吗？你有没有收集过去所有的数据，并且筛选出所有不可靠的数据，来证实对这个人的负面看法？你是否真的从"我可能是错的"这个立场出发，探索过自己对这个人的假设？

一旦你利用自己的反应来确认对冲突语言的假设（不论是普遍性的还是针对某个人的），你就可以选择去追求那些最吸引人的、最成熟的语言，也就是那些可以成熟应用于了解自我意义系统的语言。这样你就可以开发出一门关于冲突的高度个性化的课程，并且还与内部学习相关。

实践和培养解构性冲突的语言有很多方法（在接下来的两章中，我们会带你继续深入学习维系这种语言的方法），但现在我们该为本章进行总结了。最后，我们将指出这种语言的意图、立场和结果这三个最容易被误解的方面，以此作为结语。

三种对于解构性的语言的常见误解

首先，解构性批评的语言并非不重视负面评价。它不是假设你是错的，并通过内化一种新的自我批评立场（即你扭曲了现实），来消除你的反对意见。在本书的第 1 章中，在谈论到现如今的抱怨时，我们曾明确地表示，如果仅仅因为内部工具告诉我们不喜欢某些事就忽略这种工具，这是一种有风险而不自尊的行为。否认自己的担忧或者负面评价，然后摆出一张看似幸福的假面并不能让人们找到幸福之路。

相反，解构性批评的语言将两个同时存在的现实联系在一起：在某种程度上，我尊重自己，重视我已经形成的负面评价，但我也把另一个人当作独立的现实构建者去尊重，他可能对当下发生的事有着完全不同的认识，他的认识可能有助于让我了解我的假设与前提。我将如何创造一种对话，使之既不局限于我构建的现实，也不局限于他人构建的现实（即我提前认定的真相）？无论这个问题的答案会以何种特殊形式呈现（我们会在第9章中给出例子），它都反映了双方的共同追求，一种从个性差异到学习矛盾的转换。

其次，练习解构性冲突的语言并不会使人的分析瘫痪、失去行动力，它只会让人更好地理解冲突（就好像冲突本身是一种终极美德）。无论这种语言采用怎样的形式，它都包含两类行动：探索和检测构成双方冲突的关键假设；如果冲突继续，则根据这种语言创造的共同认识，对情形做出暂时或最终的决定。

最后，使用解构性冲突语言的首要目的并不是使冲突消失，也不是降低其强度。甚至反而有可能，使用这种语言会引发更多冲突。尽管它的最终目的是做出有价值的改变，更好地发挥人际关系或组织的功能，但你必须记住，你使用所有语言的目的都是营造更良好的工作环境以便于学习。你正在寻求的转变是变革性的，它们深入根源，而不是面子工程。

一次又一次地在表面上解决新的冲突，却不改变引发这些现实冲突的根源，这不仅给组织生活造成了损失，而且还阻止人们从组织的损失中收获学习心得。正如我们所说，人们得到了教训，要将工作中的冲突情景变成一门课程，通过寻找一种方式，不要太快地解决问题，而是让问题解决人们。

　　解构性冲突源于这样一种信念，即冲突本身并不是危险或异常的；危险和异常的是一个熟悉的框架，它将冲突归咎于个人特性的贬义特征。第 7 种也是最后一种语言创造了一种语境，将冲突转化为关于前提、信念和假设的分歧，一种可敬而内容丰富的差异。冲突仍在继续，它的强度不会衰减。使用第 7 种语言甚至会带来更多冲突，但只要冲突被定义为一种促进学习的方式，那么所有这些情况都将使组织资产增长，而不会令它陷入债台高筑的境地。

Part 3

第三部分

将我们学到的实践一下吧

运行内部语言：在新语言环境中学习

要如何维系与内部矛盾和大假设的关系，从而使之成为个体持续学习的资源，而不是对个体精神的束缚？这样又会产生怎样的学习效果以及行为改变呢？本书前四章中的活动构建了一种新的学习技术，意在促进人们的个人学习。对这 4 种语言的使用，揭示了个体的动态平衡进程让旧有模式保持不变的力量，以及可能超越这第三种力量（战胜个体对于改变的免疫力）的方法。

这些语言所建构的心理机制让个体把焦点放在精神生活的重要方面（认识中的客体），而不是个体参与其中的方式（认识中的主体）上。个体暂时能够把自己的内部矛盾和大假设当作自己看到的东西，而不是个体看待事物的方式。这种从主体到客体的运动使个体的思想"复杂化"，并且是个体长期以来对心理发展和转变性学习内在结构的核心看法。（可能有读者想要进一步了解这种主体到客体的运动形式，以及在过去 20 年中我们对这一问题进行了哪些探索并形成了哪些理论，因此，本章在结尾部分呈现了一些关于我们工作的参考资料。)

尽管前四章的技术可以暂时让个体的内部矛盾和大假设显形，但它们很快就会再度消失。人们重新吸纳了它们。如果个体不采取持续有效的行动，那么内部矛盾和大假设会再次掌控局面。在工作或其他任何环境中实现成功的个人学习没有捷径。想要长远改变自己的想法，只靠类似于一场短途旅行或参加暑期课程这样的快捷方法是不可行的。

在我们看来，只要人们努力提高个人学习的能力，就能将自己的内部矛盾和大假设作为关注客体，并令其始终保持可见。如果没有这种努力，人们很容易就会遗忘有关内部矛盾和大假设的知识，然后将自己重新置于以前的精神束缚之中。要想维持并深化内部工作，最好的方法之一是建立新的"对话空间"或者"语言社区"（有时只要两个人就够了），在这一"空间"或"社区"中，人们可以经常使用本书探讨的语言。

在本章中，我们要给大家讲述一些在新语言社区中关于学习和行为改变的故事，以及我们在这些社区中精心设计的工作方法，通过这些方法，我们利用大假设打破了内部平衡。有些故事来自一些个人学习小组，我们和小组成员多年来都在努力促进小组工作。这些小组可能是在某个学期的课程中形成的，成员每周会面两三个小时；也可能是在某个组织中形成的，该组织要求我们为员工提供职业发展的机会，员工每月举行一次小组会议，而小组成员在工作中不会定期联系。我们为这些组织中的学习小组提供帮助，有公开的也有私下的，有营利的也有公益性质的。

　　有时，最初的小组成员会与组织中其他的成员一起，在我们离开后继续推动成立新的学习小组（我们期待的成果就是，人们越来越有自信去独立飞翔）。有时，我们与一个小组可能保持着多年的咨询关系，定期或不定期地为该小组提供服务。

　　显而易见，大多数故事都来自这些小组，因为我们参与了小组活动，倾听并观察发生了什么。然而事实是，人们利用这些语言产生的持续性学习和改变都发生在我们看不到的地方。现在，我们通过课程、讨论组、咨询和会议已经向上千人介绍了这些语言，有些人之后会继续在工作或个人生活中使用这些语言。偶尔，我们也会了解到这些人的学习情况，有机会的话，我们会和他们坐下来聊聊，用录音机记录下他们的故事。这些人的故事也有一部分被本章收录。

　　在第 4 章的结尾，我们简要地列出了鼓励人们加强与内部矛盾和大假设之间关系的各种方法，对此进一步的阐释如下。

- 观察自己和大假设的关系：想一想，如果你把大假设当作真相，会发生什么？又有什么事是不会发生的？你的假设影响了工作或生活的哪些领域？通过观察日常生活中的假设，你可以完全了解它们。人们经常看到假设的各个方面，以及它们运行的环境。我们积极鼓励人们不要改变自己的行为，尤其是当他们观察到假设正在运行时，因为在一开始，我们更想要增加和大假设的关联点，而不是单纯让它们消失。

- 积极寻找那些让你对大假设产生怀疑的经历，并对自发抵制和挑战假设的行为保持警惕：你是否注意到有些经历在暗示，你的假设可能是不准确、不合适，甚至是错的？我们鼓励人们把假设视为猜想，而不是事实；我们要求他们对任何可能动摇假设的经历或情况保持警惕。这项活动往往很困难，因为它要求人们察觉到并且准确接收自己之前从未注意到的信号。有时，在开始观察之前，让人们事先思考一下哪些情况会对假设构成挑战是很有帮助的。

- 探寻大假设的历史：这样的大假设出现在你的生活里多久了？是什么让大假设发展起来的？在它的发展过程中，有哪些关键的转折点？它还会存在多久？你的目的是挖掘假设的根源，这样做可以使它的历史成为被关注的客体对象。你会逐渐意识到，大假设不是你本身，而是与你一起密切生活的东西。

- 为假设设计并运行安全而适度的测试，并检验测试结果：如果你把大假设当作事实，那么为了去了解结果究竟如何，有哪些事即使看起来不合适你也应该冒险去做，或者有哪些事你应该拒绝去做？合格的测试有三个标准。第一，它很合理，并且可以得出可能与假设相关的数据（包括可能使人怀疑假设的数据）。第二，不能冒太高的风险去证明一个假设是不合适的。第三，它在短期内是可行的，也就是说，相对容易在一个合适的窗口期实施。

- 你从这个测试中学到了什么？这是个公平的测试吗？你

真的给自己机会去了解这个大假设是否在某种程度上扭曲了事实吗？这个测试对你和大假设的关系有什么影响？下一个你想设计和执行的测试是什么？这项活动的目的是鼓励学习者参与一个观察－实践－反思的循环过程，这能增加学习的深度。人们的测试常常产生许多意想不到的重大结果，测试经常让他们观察到自己从未意识到的问题和假设。

以上所有活动都能使你把自己创造的意义当作客体而非主体，帮助你驾驭自己的假设（用于重新观察、重新思考，还可能构建新的假设），而不是让假设束缚你（如果人们没有注意到这些假设，也不对其负责，那么它们就掌控了一切）。在某些情况下，这些活动具有一定的步骤；但更常见的是，它们只是在大方针上指出前进方向，几个步骤会互相融合，同时发生，并在恰当的时机重复出现在个人或团队活动中。在接下来的故事里，你会看到某个或几个指导活动组合在一起，它们是个人学习进程中的核心，将起到非常明显的作用。

苏珊的故事

苏珊参加了一学期的教育研究者研讨小组，每周集会三小时，主要讨论反思实践和变革性学习。作为研讨小组的成员，所有参与者都要写一份个人学习日志，准备好组中讨论的材料，并且就他们在课程中的学习情况写一篇结课论文。苏珊的故事就来自以上所有这些文件记录。（当然，这经过了她本人的同意，本章中讲述的所有故事都经过了主人公的许可。)

这个学期刚开始不久,苏珊就确定了一版大假设的初稿。她发现,大假设使她处于一种无能为力的状态,让她无法成为一名能开放听取多种不同想法的教师和学习者。假设分为三部分:

(1)我可以评判所有事和所有人;

(2)我充分证明了自己的评判从始至终都是正确的(因此它至少可以说服我自己);

(3)那些被我判定为能力不足的人,应该受到相关权威人士的责备。

□ 观察运行中的假设

苏珊认为她的大假设已经成熟(也就是说,其中有很多能量与兴趣点,这样人们才能与这个假设发展更深入的关系),并且已经为下一步做好了准备:观察运行中的假设。这可能是命运的转折点。事实证明,研讨小组是个非常合适的场所,能让苏珊观察到自己运行中的假设。一开课,她就马上批评了一个同学。

在苏珊的日志中,她追踪了自己几个星期以来的观察结果,第一次意识到自己喜欢妄下论断:

我意识到我被这位名叫乔的同学吓坏了。乔在一所著名大学里教书,她是那里的一名开发人员,也是一位企业培训师。我记得第一天她就是这么自我介绍的,然后我就想,这是乔博士,"高能"的乔博士。后来我注意到,当研讨小组的教授发问时,她不仅老是第一个回答问题,而且她总是直接和教授说话,而不是面向我们大家说话。我感觉我们都没被她当回事。

苏珊观察到另一个大假设运行的例子：

当我观察到她在面对教授的表现时，我觉得很愤怒。她不仅只看重教授，而且觉得教授与她级别对等！她指指点点，告诉教授应该如何授课。

苏珊发现，随着时间推移，她对乔的评判越来越苛刻。以下是她对自己大假设再次运行时的描述：

乔总觉得自己的回答都是对的，而我觉得她的答案都太过简单了。她经常只是复述一遍显而易见的事实，只有在极少数情况下，她不再复述事实，可她的话里又全是押韵的缩写、术语，还有奇奇怪怪的措辞，我根本没办法理解……她似乎根本没办法清楚地思考。

当轮到乔组织课堂讨论时，苏珊找到了新的机会观察自己运行中的大假设。在这节课一开始，苏珊就批评了乔，她说：

尽管她说自己准备好了材料，但这东西太不像样了。她写的东西篇幅只有 3 页，还是双倍行距，后面跟着 45 页没有删改过的、单倍行距的学生日志，而且对于如何利用这些材料去理解课程案例，她也没有任何解释。还有两篇文章，但要求是只要一篇和材料有关的文章。她对案例的描述不仅简单，而且还不够充分，我觉得自己根本不明白她讲了什么，所以也没办法评论。

对苏珊来说，这节课很重要，越来越多的证据表明，没有人能明白乔在课上讲解的案例，包括这门课的教授（在苏珊看来就是如此）。在这次研讨会快要结束时，新的情况出现了，一个名叫安迪的学生对乔"展示这样一份不完整、不连贯的材料"表示愤怒，但同时，一个名叫丽塔的学生反驳道："这份材料只是看上去没有花费时间和精力准备罢了，但并不意味着它没有包含心血。"

苏珊觉得丽塔在"为乔辩护"。苏珊表达了对安迪观点的赞同。她的总结如下：

我对安迪的支持和我对乔的批评都被丽塔"这份材料对我有用"的声明削弱了，我不喜欢这种情况。哎哟！这玩意怎么可能对谁"有用"？根本不可能吧！丽塔和我有什么不一样吗？她真能找到这东西有用的地方吗？

现在，在我们看来，在观察大假设是如何运作的第一步中，苏珊做得很好。回想一下，第一步的目标绝不是改变一个人的想法或者行为。事实上，我们强烈建议不要太快做出改变，因为这会让人走上熟悉的老路，也就是自我纠正，结果反而消除了真正变革的可能性。苏珊现在有大量材料可以观察正在运行的假设（后来她反映了大假设是如何"束缚"了她，她说，"哦，我被这个假设多么疯狂地驱使着啊"），并且，在这段自我观察期，她能够尊重那条强加的限制规定，即不去做出任何改变。

□ 对自发抵制和挑战假设的行为保持警惕

为了保持与大假设拉开距离的势头，我们要求苏珊继续留心观察她对大假设的自发抵制和挑战。这一步骤延续了我们的主题：不要太快改变自己的想法或行为，只是继续探索任何可能动摇自己假设真实性的经历或信息。这一步可能很困难，而且，人们无法预测自己将在何时看到对假设的反驳和挑战。（即使其他人都很确定它们就近在咫尺！）

苏珊发现，这一步可以完成，但是非常艰难。她以自己独有的机智、坦诚和自嘲的语气说："毫无疑问，这需要我坚定不移地认为'我是对的'！"在苏珊复述自己对于乔案例展示的评判时，确实出现了证据能够动摇她的假设（让她开始怀疑自己并不一定是正确的）。最值得注意的就是丽塔对乔材料进行的评估，这与苏珊自己的看法完全相反。

我们认为，苏珊并没有把这件事当成有用的信息，因为她很确定，她对乔的评价是正确的。对苏珊来说，听到安迪和她有一样的感觉可能只是进一步证明她是对的。不过，在这次的研讨会中，她可能会稍微产生一点不确定，正如她问自己的那样："丽塔和我有什么不一样吗？她真能找到这东西有用的地方吗？"

作为旁观者，我们可能更容易看出丽塔的评论是对苏珊假设的有力挑战，因为我们并没有像苏珊一样深陷在这个情景之中。我们和苏珊所处的情景保持着一点距离，所以我们才能理解在下一节课中她是如何被迫质疑自己的假设的。就在下一节课上，一个同学谈到，他曾在教学过程中遇到一个问题很大的学生："他很极端……但所谓'三人行必有我师'。虽然他一开口说话，所有人就都觉得'他又来这一套了'……但你还是能从中学到一些东西。"另一个同学接着谈到，问题学生可能没法从课堂中获得完整的学习体验，但总比他不去上课能学到的多。

没人能预料到，这些观点有力地挑战了苏珊的假设。苏珊的假设是：被她批判的人应该受到责备。当她回忆起自己对这些观点的反应时，她写下：

我心中突然点亮了一盏灯。我应该把有问题的人"看作"老天派来给我学习的。虽然我说不清楚为什么，但在那之后我对乔的感觉就不同了。所有原本让我发疯的事都平和了下来。乔更像是一只想要去做正确的事却又做不到的小狗，而不是一阵想要恶毒地破坏我游行队伍的飓风。我不再认为是乔有问题，而认识到是我对她的看法有问题。

□ 为假设设计并运行安全而适度的测试

早些时候我们说过，这些将人们推离假设的步骤可以相互融合，同时发生。苏珊的进程反映了这样一种情况：经历挑战的那一刻变成了对假设的测试。尽管人们通常是有意地对测试进行设计（这种设计符合一个良好测试的各项标准），但就像苏珊一样，人们也可能会发现，测试已经不知不觉、自然而然地发生了。在苏珊的案例里，这就像一种心理实验。这种测试需要尝试用一种新的框架或心理模式去解释旧的素材。

当一个同学谈到"三人行必有我师"时，苏珊把这种想法代换到了她与乔的经历中，并且对她是否能从乔身上学到一些东西进行了实验。在这样做的过程中，她暂时放弃了自己过去固定的框架，也就是她认为有问题的人应该被责备这个大假设。苏珊考虑用一种不同的方式来理解她与乔的经历，这让事情变得更有探索性。假设没有那么"宏大"（它一定是真的），而是开始回归它的本来面貌：一个假设（它只是有可能是真的）。

□ 检验测试结果

测试的结果令人意想不到，苏珊认识到一个新的大假设，她认为这个大假设是其他假设的基础。

我认为这些假设的核心就是我们在竞争，这个核心假设是：我需要证明自己是被"重视"、被尊重的，或者要得到我需要的东西，而如果别人获得这些，我就会遭受损失。

苏珊明白了，是乔的那份成功履历让她认为必须要证明自己，或者让她感到自己得到重视的机会受到了威胁。她开始思考，或许她对乔的批判是因为她需要打败这个竞争对手。

苏珊测试的主要结果是：她的大假设是恒定与变化的混合体。她的假设"相关权威人士应该责备那些被她判定为能力不足的人"发生了改变；她说，在她看来，"公正的上天惩罚邪恶已经不再重要"。但是，她的第一个大假设，也就是她可以评判每一个人（现在的乔在她看来就像是一只试图做好事情的小狗，但种种迹象表明乔并没有成功），并没有被推翻和改变。第二个假设即她认为自己的评判都是正确的，也没有变化。苏珊以下的话捕捉到了这种变与不变的混合性：

突然间，乔本身是什么样子对我来说都无所谓了。她的出现真的把全班搞得一团糟了吗？就因为她那些几乎被所有人都忽视了的、稀奇古怪的发言，还有一节考虑不周的讨论课？把全班搞得一团糟？根本没有！在整个学期里，她一直都表现得很古怪。

缩略词、快速抢答和荒唐话比比皆是。但就我而言，那又有什么关系呢？就算乔没有被惩罚，又能怎么样呢？

通过推断出以下这组苏珊在最开始运行的大假设，我们可以看到她测试的另一部分结果：假设一，她认为乔"无能又古怪"是个问题。与此密切相关的第二个假设是，乔就是问题所在。第三个假设：我不可能从一个问题学生那里学到东西。这源于苏珊一开始认为乔会为了改善状况而做出改变的假设。苏珊的明确假设之一，也就是"我认为相关权威人士应该责备那些被我判定为能力不足的人"，指出了苏珊认定是乔应该做出改变。但在苏珊听了同班同学的评论后，这一组未命名的假设似乎发生了改变：

乔就算是个无能又古怪的人也没什么问题（因为我现在知道，即使她是个问题学生，我也可以向她学习）。因此，我假设自己才是问题的根源（因为我之前不知道她可以是我学习的资源），所以，我可以让这些都不再成为问题（我能从像乔这样的人身上学到东西）。

□ 盘点

苏珊不断地变换假设，使自己可以向"问题学生"乔学习。这种转换是非同寻常的。曾经不可能的，现在变成了有可能。原本封闭的，现在开放了。在开放的氛围中，苏珊从乔身上（尽管她还没有确切地说出乔的名字）学会了该如何看待那些自己认为能力不足的人。这对苏珊来说尤为重要，因为她自己制定的职业目标是要对学生们的不同观点更加包容，而她的个人目标是要与他人更融洽地相处。

　　苏珊之前把事情混同在一起，认为无能会导致问题，而问题又伴随着负面影响。她现在明白了，无能并不是自动等同于问题。如果没有问题的话，就不必有严苛的评判。

　　苏珊已经开始培养自己的能力，以一种中立、包容甚至关怀的方式去看待那些她认为无能的人。即使她处于监督这些人的位置，并对他们的表现负有一定责任，即使她认为自己对他们的评价一定是正确的，提高这种能力也使她能为那些人提供更多帮助。格外要注意的是，如果苏珊以某种方式完全放弃了她对乔的批评，那么她就失去了一个宝贵机会，从而不能使她对乔的认知（她记录下来的合理批评）与情感（为什么她笃定自己对乔的了解是正确的）之间的关系发生转变。

　　更重要的是，苏珊已经开始偏离她那个核心的、关于竞争的假设，也就是她的竞争对手必须受到公开惩罚，她才能得到自己想要的东西。（"她的收获必须以竞争对手的损失为代价"这个想法现在已经显露出来，并且可以深入探索了。）乔可能依然无能而且不会受到惩罚，但苏珊仍然可以得到重视（或被尊重、被接纳并产生归属感）。苏珊的内部世界和外部世界正经历着重大的变化。

　　故事没有就此进入大团圆结局。肯定有很多人和我们一样，关注着苏珊的大假设以及她后续的探索旅程。苏珊对乔的严厉批评可能是完全正确的，但是她如此坦诚地叙述了她对这个批评的"特殊兴趣"，这应该让我们多少保持警惕。在她的叙述中，她还没有真正挑战自己评价的正确性。

　　这些故事并不是为了展示人们在学习过程中取得的所有成

就。我们打算用这些故事见证人们在使用新语言时的创造力和勇气，使用这些语言的过程非常罕见，它们涉及如何改变意义的产生过程、改变思考和感受的形式。从人们现有的思想中原创出一个想法是一回事，而改变现有的思想则完全是另一回事。

□ 补充说明

在另一个完全不同的环境中，苏珊测试了她"需要对错误行为进行评判并看到该行为受到惩罚"的假设，以便看她是否可以将自己新学到的知识应用在乔以外的人身上。她能与过去的大假设拉开新的距离吗？苏珊希望检测到自己的改变幅度有多大：

变革性学习的一个关键特征就是它具有持久的效力。即使到了午夜，裙子也不会变回破布，马车不会变回南瓜，车夫也不会变回老鼠。我已经得到了发展，那么我之前做出的改变就变成了新的自我舒适圈。我学到的究竟是真正的转变，还是只是态度上稍纵即逝的变化？

大假设使苏珊"成为包容开放的老师和学习者"的承诺失效，而她看到了这一点，所以她将新的背景环境设定为她的艺术课堂。

既然我在乔的事件上已经有所收获，那么面对各种各样和我看法不同的学生，我会继续更宽容、更努力、更愿意去教授他们吗？如果在"我曾经就读的班级里"，我探索而且做到了人际关系的改变，那么在"我是老师的班级（这个班级的课程是'伟大的艺术'）里"，我也能够继续做到这一点。通过这种实践，改变后的自我让我感觉更加接近我自己了。

作为"伟大的艺术"这个班级的教师，我的目标是双重的。我想改善文化对女孩所产生的负面影响，并教给她们一些艺术概念。平时，我认为自己应该给她们灌输很多知识，并且计划了很多活动。我争强好胜、严厉又独断专行，我不想让她们浪费时间整天玩乐！

反思：我讨厌第一天的教学。做我认为应该做的事，还要让所有人都相处融洽并且信任我，这实在是一种压力。以前，让每个人相处融洽这件事的困难在于我自己没办法和别人好好相处。（嘿，她们就想在暑假里玩乐，这是反人类的重大罪行！）然而，在经历了包容度方面的改变之后，我开始自己建立一个包容所有人的新模式。

在这一年龄段，女孩的身体和心理发展程度有很大差距。她们有些还是孩子，而有些已经是"酷酷"的少女了。我并没有偏爱谁。我内心的某些东西已经改变了。我不再坚持让她们每个人都相处融洽，但是我让自己和每个人都相处得很好。虽然我觉得不太成熟的姑娘幼稚得让人厌烦，但我不较劲了。一周过去，这种厌烦就减少了。当我发现成熟女孩们的冷漠孤僻时，我有些胆怯，但我还是去接近她们（也带着一些清高和冷淡）。结果证明，她们原来也只是孩子。我几乎没有"做"任何事，我只是坐在房间里，和正好坐在我旁边的人聊聊天，但我每次都一定会坐在不同的人身旁。

当她们谈及自己讨厌弟弟、妹妹和父母，也厌恶她们自己时，我倾向于不去理会。虽然我心里很想让她们闭嘴，（而且我有这样做的理由：难道我不应该有点自尊，可以不去听简唠唠叨叨地说着"我很蠢"吗？）但我感觉让她们别再说了也没什么用，而且还会产生负面作用。不把这种厌恶用语言宣泄出来，就等于把它囚禁在了灵魂深处。

这门课的教室是一间有很多陶器转台的陶艺工作室。我本来或许可以教她们使用转台（我学过该怎么用这个东西，但那是20年前的事了），但我自己对此不太精通，也不知道该怎么教给别人。姑娘们想用这些转台。我没有大发雷霆，没有拒绝，也没有掩饰我的无知。我向她们解释，我不能教她们做陶艺，但可以让一个陶艺助教来教她们。这个助教做了很好的演示，告诉她们只要摆弄转台就可以了，如果她们有问题的话可以问他。大多数女孩每天都会"转一转"，她们把黏土块放在转台上，然后一直转圈，做出一些又矮又胖、摇摇晃晃的瓶瓶罐罐来，中间还有洞。我不把这些看作什么大事，只要我无所谓，那她们也不会觉得有问题；我发现，在她们眼中，那些笨重难看的黏土块和我所看到的完全不同。

为了平衡我教学的责任感和她们玩闹的权利，我会在每天早上教一节"课"，女孩可以自愿参加。我的变化是我真的不在乎了。如果她们想练习写作，那很好；如果不想，那也没事。有时她们会用一小时涂鸦，在过去，这是一种"没用"的活动，通常会让我发疯。现在，她们是在我这个专业人士的眼皮子底下浪费时间！我注意到阿丽尔有很好的设计感，但她花了好几个早上画一些又小又构图不佳的铅笔画，画的是青少年女孩中常见的主题——马。阿丽尔是学生中最酷、最朋克的叛逆少女，从不做老师让她做的事。

　　于是，我这位老师就学会了不去说要让她做什么事。第三天早晨，我在经过她座位的时候提到，我认为她或许可以画一些大型的马的油画。她随便点了点头，我就不管了。要是在以前，我会给她纸、颜料和画笔。又过了一天，她问为什么我觉得她想画马。我问她是不是喜欢马的动作（我知道她喜欢，因为她画的马都在奔腾或者跳跃）。她说是的。我解释说，铅笔画很难表现运动中的事物，因为它是静止的，而油画则是流动的。同时，在一张 8×12 英寸⊖的纸上，艺术家的手臂没办法动起来，这就削弱了对运动中的动物的表现力。到了这时，我才帮她拿来绘画所需要的所有工具：24×36 英寸的炭灰色画纸以及黑白两色颜料。我能看出她对自己的成就感到惊喜和满意。最后，她把自己的画作挂在了墙上。

　　当简问我，为什么其他人在打扫卫生，而阿丽尔却不参加（这真的让我很恼火，我说了好几次让每个人都去打扫卫生），我（在那一刻条件反射地）说我不知道，并且建议她自己去问问阿丽尔。简去了。阿丽尔说，等她完成手上的活儿之后就来打扫。她很快就做完了手头上的事，然后开始打扫卫生。问题解决了。

　　在这一周结束时，所有人都在互相交谈，她们似乎接受了彼此的缺点，对家人和自己的厌恶言论少了很多，她们更多地谈论起对宠物的爱。工作室让我们一起填一份评估报告，其中的负面评价都是关于设备的，而我们的课程和团队的融洽度都收获了正面评价。回首过去，我看到自己作为学生的成长使我在当教师时

　　⊖　1 英寸≈2.54 厘米。

也有所收获。在过去，我对某个不断扰乱团队的人或事物很少有包容心。而现在，在这一周里，我越来越包容，同时使整个团队的氛围也越来越宽容。

我们很少能预测一个人能否超越极限，也无法预测超越将发生在何时，或是以什么方法。苏珊的故事描绘出她在努力转变为她想要成为的人。一旦她开始为自己的大假设感到困惑，她就开始打破它了。这样所收获的新思想和新行为都具有自我强化与自我更新的特点。

艾米丽的故事

艾米丽的学习故事要从她在一个研究所中参加四列表练习时说起。她主动探索自己的大假设，组建了一个小型语言社区，定期和我们或研究所中的另一名参与者讨论。在她初次接触大假设的几个月后，她为我们讲述了以下故事。

艾米丽在四列表练习的过程中，构建了如表 8-1 所示的概念表。

表 8-1　艾米丽的四列概念表

一线承诺	责任	隐藏承诺	大假设
我为了……的价值或者……的重要性而全力以赴 更多地把注意力放到我认为最重要的工作上	我做人们要求我做的事。我甚至会预判人们的需求，然后再做出相应表现	或许我也在尽全力去让别人（包括我自己）看到我的价值，认为我是部门中很重要的成员	假设一下，如果我在部门中少做一些事的话，我可能就没那么重要了 我认为自己的价值不在于我这个人本身，而是和我做的事捆绑在一起

□ 观察运行中的假设

带着脑海中的大假设离开研究所后，艾米丽花了几个星期的时间在工作中观察自己，当她意识到这些特定的假设正在运行时，她会跟踪记录下这些场景。有一天，她意外地发现，自己在家庭生活中也有同样的假设。尽管她在理智上知道自己的假设可能与她如影随形，但当真的看到她跟家人相处就类似于她与同事相处时，她还是感觉受到了冲击。通常，在某个情境中，大假设就暴露于一个微小而偶然的事件中：艾米丽发现，她预判孩子们在吃晚饭时想喝牛奶。

艾米丽的观察结果是，无论是在工作还是家庭中，她在第二列（自我担当）所指出的"反方向"行为都远比她意识到的要更频繁、更普遍。她加深了这种认识，她说："我明白了自己是如何起到'必要'作用的了。我让自己成为任何情况中都不可或缺的人。"这些情况包含了她认为"十分琐碎"的事件，比如判断她 13 岁的孩子需要一杯牛奶，然后她就给他拿了一杯。

□ 对自发抵制和挑战假设的行为保持警惕

通过观察自己，艾米丽逐渐认识到，"为了被重视而去做事"是她生活中广泛、普遍的主题。而这似乎会带来另外一个认识，即"其他人觉得他们自己本身就有价值，而不需要通过做什么来获得价值认可。"艾米丽把后一种认识（即有的人自己本身就有价值，不用通过做事来证明）当作对她假设的挑战。她觉得将自己与他人比较是一种激励，她说："我必须正视这些事。我得开始行动了。"

□ 为假设设计并运行安全而适度的测试

艾米丽开始计划采取一些不同的行动来"看看这个假设是否依然有效"。于是,她进入了明确检验自己假设的阶段。一开始,就像我们建议的那样,她做了一些很小的测试。她决定首先在家中进行测试,看看如果她对那些微小的"琐事"采取不同反应,会产生什么结果。她讲到,有一次孩子又让她拿一杯牛奶,"我说'不,我现在没时间',然后我就坐下了"。这是对假设的一个小小测试:有人要求她做一件她当下并不想做的事;她的回应不同于以往;她拒绝了这个请求,并且告诉了儿子原因,而她的世界最后也没有崩塌。

这是艾米丽第一次对大假设所做的适度、安全的测试。要设计小而安全的测试,这样一旦当它运行,即使最坏的怀疑得到证实(比如在这个案例里,艾米丽最终发现人们真的不重视她这个人本身,而只是把她当作一个"干活的"),付出的代价也不会太高。这些测试的目的是生成能够揭示大假设的数据。因为人们总认为自己的大假设是正确的,所以测试通常是人们平时不允许自己出现的行动或言语。

这些测试的结果很少能证明人们的大假设是完全错误的,在更多的情况下,人们只会质疑假设的普遍性和固定性。我们探索了能证实假设有效的环境特质,并开始思考,在其他很多种情况下,假设可能并不成立。毕竟,之所以称大假设为"大",是因为它被视为真理,因而功能广泛,甚至适用于各种特殊的情况与条件。即使一个人发现原本的大假设是错的,他的目标也应该是去建立一个多样化且符合实际的新假设。也就是说,"当在这种特定情况下，当我有这种特殊的感觉，当我和特定一类人在一起的时候，我对世界运作方式的假设才是准确的。"

□ 检验测试结果

艾米丽回忆起在这段探索过程中她对儿子的新回应方式，说："如果他再管我要什么东西，而我也方便的话，我会去做的。如果我不方便，我会拒绝，并向他解释。"结果是："我们都很好。"她继续说：

过去，在我的想法里，如果我知道人们需要我做什么，我就会去做的。但是我得让自己注意到这一点——没错，他们想让我去做，但我觉得不一定非得去做。我的孩子接受了这一点。起初是有一点奇怪。开始的时候，我不会起身去做某些琐碎小事，比如拿牛奶，慢慢我会拒绝他一些稍微重要的事。然而对我来说，感觉并没有像我预期的那么糟糕！

□ **再次设计一个安全、适度的假设测试**

带着"她的价值不必依赖于做事"这一新发现，艾米丽决定在她的探索中提高筹码，在工作场合中做出一些小小的行为改变。她的目的依然是测试假设的准确度和局限性，这很合理，虽然她的假设有可能不适用于家庭，但可能适用于工作。她越来越明确自己想要从假设中了解到什么，于是她进行了下一轮测试。

像艾米丽一样，采用渐进测试的手段，将使人们更深入地了解大假设的虚实。这些渐进的测试帮我们重新塑造一个大假设，反映出了这些更深层的理解。

艾米丽回忆起在工作中进行的第一次实验：

> 我一直在做自己认为对其他人来说很重要的事。所以，接下来我需要检查其中的一些事，因为我的生活为了去迎合某些人的需求而被复杂化了，而且，好像我一定要出席某个特殊场合，或者做一些特定的事，因为它们特别重要。我想表明的是，我愿意去做事，但是让我做事的人得让我知道，在那么一大堆事情里，让我做的那件事到底有多重要。

艾米丽给我们举了一个例子，她要参加一场在特定时间举办的会议，这意味着她没办法完成和孩子们的计划了。新的做法是"我简单地和负责会务的同事沟通了一下，问他们'如果我不出席这场会议，真的会有很大影响吗'"。

□ 检验新测试的结果

艾米丽总结了她从这些实验中学到的东西，她说：

> 我意识到，有一类事情是我认为重要的，但在互相推卸工作任务的时候，其他人认为这些事并不重要。如果他们不愿意承认这些事很重要，那么为什么我要觉得它们很重要？并且我知道，有些时候这些事可能对其他人确实很重要，但对我来说就那么一回事。这就缩小了我必须要做的事情的范围。

□ 又一次设计一个安全、适度的假设测试

到目前为止，我们一直在跟踪关注艾米丽刻意为之的实验。我们已经看到了具体的行为变化是如何引导她发现自己不必"做

事、做事、做更多的事"的。她可以设定限制，有些限制是根据人们的意见而定的，而她不必为制定这些限制而感到不安。这些新行为也开始引导她以不同的方式重新思考自己的个人价值。

和苏珊的案例一样，艾米丽接下来也发现，她正在参与一个类似于心理实验的环节。这种实验实际上不涉及外部世界的任何事物，没人会注意到正在她脑海中进行的心理实验。它完全是内在的。她可以借此尝试一种全新的思考方式，包括进行过去从未有过的比较和转变，并观察因此产生的内部结果。这些也不需要刻意开始，就像在艾米丽的案例中一样，这些新的思考方式好像自然而然就发生了，然后人们就意识到了一种新的可能性或感受。艾米丽是这样描述她的新发现的：

我能有这么多朋友，是一生的幸事。这个团体很小，但这些人让我感觉到，无论何时何地，我们只要聚在一起就觉得很亲近，好像我们从未分开过一样。我们谈论对自己来说很重要的事情。我们的关系非常特殊，我知道我们不会经常在一起，但对我来说这种关系就像是永恒的。我意识到，我一直认为人们都是非常功利的。比如，如果我没有做他们眼下想让我做的事，或是我没有以某种方式提示他们我有多重要，那么我就觉得自己对他们来说没有多重要。现在我意识到，这是因为我没有认识到朋友们给我的稳定感。我知道他们对我来说是特别的人，但这并不取决于他们做了什么，或者我多久见他们一次。这种关系对我来说很重要，我很感激在生活中能拥有这样的朋友。我开始明白了，我的目标是维持与他人的关系，而不是像我过去那样一直帮别人做事。

对比了她与朋友对彼此的看法之后，她明白了朋友们对她的感觉就像她对他们的一样稳定，而这种稳定的关系并不是依靠她不断"为别人做事"维持的。这使她得到了解脱，同时也使她意识到，她希望在生活中与他人建立内在的联系，而不是功利地交往。她已经开始分离出一种坚定不移的"稳定感"，而这并非来自她给别人制造出"不可或缺"的感觉。

□ 又一次检验新测试的结果

艾米丽认为，她"成为不可或缺的人"的目标很明确，只是用来实现目标的手段错了。她也看到了，良好的人际关系可以通过其他方式建立。这是她眼下的关键时刻。就像苏珊一样，艾米丽拉开了与她之前处境的距离，新的对比维持了这种距离，新的内部选择和外部行为接踵而至。

这种转变使她不再需要其他人看到她工作的重要性。她发现，有一部分人不是因为她本身而欣赏她，这些人并不想与她建立真诚的关系纽带。她看到自己过去的处境，那时她不断地做别人要求她做的事，实际上反而阻断了她和这些人建立关联，而且还不断强化了她必须一直为他们做事这个大假设。她总结了自己的感受：

之前我不愿知道自己参不参加会议其实不重要；对我的孩子来说，如果我比平时晚回家一小时其实并不重要。现在我慢慢把"没那么重要"和"我可以不被需要"当作一种解脱，而非认为自己一无是处。

这些实验展现的都是艾米丽在大假设边缘不断进行成功试探

的方法。这个世界终究不是扁平的，艾米丽觉得她可以持续延伸探索，而不必担心自己会从边缘坠落。运行这些实验所获取的能量和经验都鼓励着艾米丽去进行下一个更大的实验。

□ 为假设设计一个更大的测试

艾米丽的主要工作之一是指导培训活动，负责将近 100 个受训者的学习，但她并没有从中收到任何补贴，还要承担大量额外的工作责任。"免费工作"在从前会有助于实现艾米丽"不可或缺性"的目标，因为这是让她感觉受到重视的好方法。但现在，艾米丽发生了变化：

> 我意识到一直这么做是不值得的……我明确表示，不想辞去培训主任一职，但前提是我对部门的贡献和重要性必须得到承认，否则我不愿意再去做任何事。

艾米丽描述了在她做出这一前所未有的决定后发生了什么。

> 他们没什么变化，表现得就好像我还在主导这个项目一样，即使我已经写了一封正式声明！我仍在给培训人员做评价，还是有很多麻烦事需要我处理。于是我甩手不管了。这种情况持续了几个月，当一个新部门主管任职后，他来找我说："我听说你在这个部门所做的教育工作非常出色，所以在我担任主管后，我想你还是会留在这个岗位上的吧！"我回答说："嗯，实际上 3 个月前我就不负责相关工作了，但好像没人注意到这一点。我希望在你方便的时候跟你谈谈，如果你愿意认可我付出的努力，那我很乐意回来工作。"他的回答是："你所说的'认可'是什

么意思？别人都还有委员会的工作，你这一点工作有什么需要得到承认的？"我说："每年带领 93 个培训人员到我们部门，还要密切关注他们，这比委员会的工作多不了多少，但如果你能找到另一个不需受到认可就来做这件事的人，那你真的很有本事。"

艾米丽在工作中焕然一新，她不仅与过去的自己截然不同，也不再苟同于周围普遍的工作文化。很明显，艾米丽所做的这个测试比之前拒绝为儿子取牛奶那个测试更大一些。她就像自己行业中的"抄写员巴特比"[⊖]一样，当她被要求再度承担他人认为理所当然的责任时，她简单（也是革命性）地说："我不愿意去做。"在这个过程中，她冒着双重风险：一是可能失去她所珍视的工作，二是失去在工作中被他人重视的宝贵感觉。

□ 检验测试的结果

测试假设的范围很快就超过了我们的适度性标准，每个勇敢的探索者都需要自己决定，在越过安全范围之后，他们愿意继续向前走多远。然而，对艾米丽来说，她深化自尊的需要此时已经势不可挡。如果结果真的很糟糕，她感觉自己也可以接受最坏的情况。她实验的具体结果是：

⊖ 《抄写员巴特比》是美国作家赫尔曼·梅尔维尔（Herman Melville）的小说作品。讲述在 19 世纪末的美国华尔街，一个律师事务所的老板雇用了一位名叫巴特比的文书抄写员。最初，巴特比少言寡语、工作勤奋，律师老板很满意。然而很快他就发现巴特比的与众不同之处：巴特比不与办公室的其他同事主动交流，面对别人的提问只会做最简短的回答，他待在独属于自己的小小角落里，浑身透出一种与喧嚣繁华的华尔街格格不入的隐士气质。——译者注

　　他之后回来找我，提出承认指导这个项目是我工作的一部分。我们进行了几次谈话，聊了聊我做的事以及我花费的时间，最后他同意付我更多的钱，甚至比我一开始要求的还多！

　　那她为这个测试付出的代价是什么呢？

　　天没塌下来。我没被解雇，而且就我所知，人们也没有对我感到非常生气。最重要的是，我不再像过去一样，觉得自己在生活中那么累了。我想，和去年刚开始思考这件事时的自己相比，我已经有所不同了。

□ 大假设的历史

　　对艾米丽来说，在她进行这些测试后，大假设的来源变得更加清晰可见了。

　　我在一个酗酒的家庭长大，家庭环境动荡不安，家庭角色只限于以下几个选择：①作恶者，也就是所有失望、不负责任的来源，绝对是坏人；②受害者，这个失望、幻灭、怨恨的人，尽管看似无可指责，却通常要扮演一个非常痛苦的角色；③救赎者，就算这个角色不能解决一切问题，至少他也可以暂时地改善情况。家里的每次交流都仿佛是一场抢椅子游戏，目标是在音乐结束时，必须不惜一切代价把你的屁股安在救赎者这个位置上！比赛进行得太快了，所以从来没有人会暂停下来想一想，如果有人不再玩这个游戏会发生什么……但很明显，退出就冒着被当作可怕的作恶者的风险。

　　在我成年后的生活里，一切还是按这个老剧本来演的，这令人遗憾，但却是事实。对我来说，我需要明白既不当受害者也不当救赎者会有什么感觉，还要意识到如果不参与这个游戏，就算被看成作恶者也无所谓，这样才能检验大假设。

□ 盘点

通过对一系列测试的学习与探索，艾米丽已经改变了最初的大假设（"假设一下，如果我在部门中少做一些事的话，我可能就没那么重要了。我认为自己的价值不在于我这个人本身，而是和我做的事捆绑在一起"）。在她的案例中，她发现无论在家庭还是在工作环境中，大假设都不是真的。它们从大假设（真相）变成了仅仅是假设（存在可能性），最后变成了被拒绝的假设（事实并非如此）。在一年的时间里，她重新构建了关于自己做事和被重视的最初假设，得出了以下一组新假设：

- 假设我本身就很重要。
- 假设我需要考虑自己的需求，而不应该指望别人替我考虑。
- 假设其他人知道他们自己的需求到底是什么，当我询问他们的时候，他们会如实回答我。
- 假设有人会只因我做的事而看中我，那么我觉得可以接受这一点。我不会那么脆弱，也不会为此而崩溃的。
- 假设我既是可有可无的，又是重要的，我认为自己可以说"不"，但也依然是重要的。
- 假设发展和维系我的人际关系主要依赖于共同的亲密情感，而不是主要因为我在"做事"。

　　谁知道艾米丽的个人学习在日后会延续怎样的路线，又会沿着怎样的方向前进呢？我们不知道，艾米丽也不知道。回首看看她的第一列承诺，她说自己需要集中更多时间去做她认为重要的事。她缺少时间，似乎在一开始就是个问题。在新生活中，她拥有了更多的集中时间，但这种变化是她内部深度改变的结果，在开始做出这种深度改变之前，她对此一无所知。

　　大假设是促使艾米丽内部矛盾形成的力量，大假设客观化的进程引导她看见了过去从未注意过的事：过去她并不清楚什么对她来说是重要的。在对此缺乏认识的时候，艾米丽可能并没有发现，她最渴望的是与他人产生本质上的联系。如果这一点都不明确的话，你可以想象，即使她成功拥有了更多时间去做她认为重要的事，她很可能也只会用一种自己并不满意的方式来利用这些时间。她的变化过程就像一条复杂、多层的多米诺骨牌路线，从一个源头蔓延到未知之处，引出了她一开始从未预见的领悟、探索、研究与理解。

彼得的故事

　　彼得也是在研究所中构建了他最初的四列概念表的，这个研究所和艾米丽参与的那个很像。他有几个同事也一起参加了这个项目，并且在此期间一直保持联系。回想几年以来，检验大假设的旅程究竟把自己带向何方时，彼得说：

　　谢天谢地，我已经想过这些事了，和我"哥们儿"以及其他人讨论过，强迫自己利用所有学习过的知识对这一切进行思考。这一切都有助于让我形成一个观点，我现在坚定地认同这一观点，并感到我可以坚实地站稳立场，而不是好像陷入了流沙，让我没办法做事。你在陷入流沙时会感到一切都很艰难，但现在事情都井然有序了。我知道如何介入这样的状况。这种状况有秩序、有结构，我认为，它创造了一个我可以立足的基础。

彼得对自己内部矛盾的第一个解释是："我致力于诚实地对待自己和与我共事的人，这是非常重要的（第一列）；同时我也致力于让人们喜欢我，并且觉得我很好（第三列）。"他的大假设的第一版初稿是："假设一下，如果我做了人们不喜欢的事，那么他们就不会喜欢我，并且（可以继续推断出）如果他们不喜欢我或者觉得我不好，那么就太可怕了！"彼得接下来的故事讲述了他是如何从最初构建的假设中走出来的，意识到自己正在"沉入"他无法控制的强大思维方式的"流沙"中，最后又是如何产生了新的立足点的。

□ 观察运行中的假设

在改变大假设的过程开始时，彼得遵循我们的建议，没有试图去改变他的想法或行为，而只是观察。他仔细观察自己，看他在希望别人喜欢自己的情况下都做了什么。他一次又一次地看到，自己花费了巨大的力气，在对话中寻找合适的词语表达，以求得到别人的高度评价。通常情况下，寻找合适的言辞会让他说出自己并不相信的话。

他总结了自己的发现，并且说：

我发现这些都是小事，没有什么大事。但我一直都没有意识到自己在妥协。我想去搞清楚："我不喜欢自己正在做的哪些事？为什么我要来上班，而我又对此感到焦虑？"就是这样。那些小小的妥协。

　　他叙述了一个学生来要求他准许重新安排考试的情况。彼得认为这个要求不合理，尤其是这并不符合学校的规定，学校要求只有在紧急情况发生时，才可以重新安排考试，而现在并没有什么紧急情况。但是，彼得答应了这个学生的要求。他说："对我来说，与其要我保持诚实，还不如做出妥协会更容易一些，这样才能对别人说出他们想从我这里听到的话。"

　　通过自我观察，彼得发现，大假设也会影响他在工作场合以外的行为。他说：

　　我意识到诚实问题在我的本性中根深蒂固，但我不愿意去正视它，很难意识到它也存在于我的家庭关系——我和每一个家庭成员的关系中。承认我在工作中没那么诚实相对容易一点，因为对我来说，工作中的人没有家人重要。

□ 对自发抵制和挑战假设的行为保持警惕

　　就像苏珊和艾米丽的案例一样，脱离大假设的步骤常常是很模糊的。彼得的经历向我们展示出，第一步，也就是观察自己，可能同时会引出我们在另一步骤中谈到的内容：寻找反例。彼得没有刻意对自发反对或挑战大假设的事例保持警惕，但当他观察大假设是如何在日常生活中运行时，他自然而然地注意到了许多"反例"。他知道自己的某些立场和行动会让别人感到不快，但他依然不为所动、不屈不挠。

他叙述了这样一个例子：

我曾经参与过一次面试，在过程中，我了解到董事会要员之一已经基本安排好了这次面试。这个家伙都单方决定了，这样在我面试的当天，招聘委员会的两位成员就不会参与。我极其愤怒。我知道如果说出来，这个董事会要员会非常生气，但我必须得说。在面试组做出决定后，我就把自己的想法跟董事会说了。最后这个董事会要员只好辞职了。我确定，他肯定不喜欢我，但他对我的感觉不重要。这是一件大事，我不会在这种事上做出妥协。

当彼得理解了这些明显的反例后，他认识到其实它们根本不是反例。相反，他认为，这些情况能让他进一步弄清楚激活大假设的条件。在这些情景中，彼得认识到他并不在乎某个人是否喜欢他。他意识到，他不需要让每个和他打交道的人都喜欢他，或者觉得他很好。

回顾大假设运行的情况时，他概括了大假设运行的关键条件，即他在乎别人对自己的看法。然后他改写了大假设。他在乎一些人的想法，这些人要么是他非常尊重的人，要么是与他经常打交道的人（如果这些人不喜欢他，他会经常感受到他们的厌恶），要么是很有权力或者影响力的人（这些人可以将厌恶化为行动，伤害或者妨碍到他）。

□ 大假设的历史

在思考大假设的起源时，彼得发现它的源头在自己的家庭里。回想一下，这一步骤的目的是挖掘大假设的根源，这样做就让它的历史变成了关注的客体。传记常常要从童年时期开始撰写，在那时，人们还受到许多条件和现实的制约，而这些条件与现实在他们成年后都烟消云散。这一步可以让人们在当前的成年生活中思考大假设的有效性。

彼得说：

我发现有件事从来没人特意对我说过，但它成了渗透进我内心的真理之一。小时候，我就发现父母特别受人欢迎，人们总是能和他们相处得很好。比如我的父亲，他随和、外向、聪明，大家都喜欢他，还有我的爷爷、奶奶也很受人欢迎。我还记得很多人都参加了奶奶的葬礼，其中许多宾客我已经很多年都没见过了，甚至我小学三年级的老师都来了，还有些人我从来没见过。这一幕给我留下了很深的印象：这些人都很喜欢我的奶奶。在生活中，受人欢迎一定非常重要，这就是我的观点。

过去我从来没想过这些。在内心深处，我知道，自己一定深信着，要成为家庭中的重要成员就一定要受人欢迎。很明显，那时候我不可能知道，人们之所以"喜爱"我的父母和爷爷、奶奶，是因为人们尊重他们。我现在明白了，要持续被人们喜爱，就要获得尊重，但喜欢和尊重是不同的。在我还是个孩子时，我不可能知道这些。

□ 为假设设计并运行安全而适度的测试

回首过去，彼得回忆起他对大假设进行的大量小测试。利用从前面自我观察中学习到的东西，彼得知道自己必须进行测试，这些测试会涉及那些他重视的人。他还知道，自己的测试应该囊括对小事的回应，他应该努力与他人坦诚交换自己的观点。

他回忆起一个测试：

这是一件特别简单的小事。有人来我办公室说第二天想要请事假。我知道这事行不通，因为他的一个同事才请了病假，而且确定在两天之内都不会来上班了。于是，我对这个人说："我很抱歉，但明天不行。这几天人手短缺了，我们得看看有没有其他处理办法。"

□ 检验测试结果

彼得对实验的结果很满意：他诚实地回应了这个人的要求（他知道没办法给这个人放一天假），并且这个人也"没有大发脾气。实际上，他眼睛都没眨，就接受了我的决定。我觉得这个决定不会影响他对我的看法。这真是让人松了口气"。

□ 再次设计一个安全、适度的假设测试

彼得进行的另一个测试涉及他的"开放"政策。作为系主任，彼得选择通过一项开放政策，让学生和教员能接触到他，这意味着人们可以自由往来，并且随心所欲地和他交谈。这不是官方政策，是彼得的私人决定。他从不对想和他交谈的人说自己太忙，因为他认为这样是"冷漠的，而且人们会觉得我不看重他们，只重视我自己"。

彼得认识到他对待自己和他人都不诚实，因为他在自己明明有事的时候却非要腾出空来，占用自己的时间，把自己的需要放

在一边，先完成别人要求的任务。理智上他知道，当别人要占用他的时间时，不拒绝是一种让自己更讨人喜欢的方式。他意识到这需要他付出代价。他也开始重新思考，他拿出来的空余时间其实不够充裕，而这对其他人来说可能并不公平，因为在他要着急回到自己的工作中时，他也没办法充分地聆听他人。

于是，他做了实验。他开始在有时间和别人交谈时才打开办公室的门，也就是说，他只在工作允许的情况下才保持开放。当他感到工作上有压力时，他就开始闭关。如果有人在他闭关时敲门，他会让别人知道他现在没有时间，但他会提出换一个时间再进行交谈。

□ 检验新测试的结果

彼得描述了在实施"开门，开放"政策后发生了什么：

我从未料到事情会这样发展，但我觉得这个简单、细微的改变大大改善了人们与我交谈的方式。实际上，人们更喜欢这种新方法。讽刺的是，我认为比起硬挤出时间，当我为人们安排出其他时间处理他们的事时，他们反而更加尊重我了。

□ 又一次设计一个安全、适度的假设测试

彼得后来又在一个常见情景中进行了一次测试，如果是过去，在一个学生要求得到特殊待遇的时候，他会运行之前的大假设。

情况是这样的，一个学生来找我，问我他是否可以不去周五

的会诊，他最好的朋友在周六举办婚礼，这样他就可以去参加婚礼了。我当时在想："好吧，这一不定。"我是否同意，取决于他的理由是否充分。如果所有人都因为私事来找我提出要求，那又该怎么办呢？很明显，这个学生不想在周五出席会诊是因为他不愿意在拥堵的周五晚上开车。这个理由我不能接受。所以我告诉他，很不幸，我不能批准他的请求。我们谈了谈，我让他知道，我理解他，如果周五不出席，他的安排会变得轻松一点；但是我告诉了他我们人手短缺，在这种情况下他的缺席对于诊所和其他学生来说意味着什么。

□ 又一次检验新测试的结果

在与他人进行更深入的交流后，彼得发现，他可以既对自己和他人坦诚，又受人喜爱。

困难在于，我必须学会如何诚实地表达自己。这涉及一些交往技巧。但只要我决定做到诚实，就会发现自己处在一种不同的对话中了，就像我和那个学生一样，我们两人更尊重对方，打通了过去不存在的沟通渠道。如果我直接说出对方想听的话，那我们俩还谈什么呢？我意识到，过去自己的假设是，如果我直截了当地拒绝了某个人的要求，那就没有其他可谈的了。然而这一点是我想错了。

□ 进一步测试

下一步，彼得要探索对儿子说"不"以及表现得更加诚实会怎么样。彼得描述了一个事件，他 13 岁的儿子希望得到他的允许，去参加一场摇滚音乐会。彼得知道儿子非常想去，也知道自己不想让儿子失望。然而，他也意识到，他并不赞同儿子参加这次摇滚音乐会，特别是儿子要和某些朋友一起去。彼得说："尽管很难，但我还是告诉他，我和他妈妈都不会允许他参加这次特别的音乐会。我和他谈过，我们是从他的最大利益出发才做出这个决定的，也和他谈了站在父母的立场上，我们是如何做出这样的判断的。"

□ 进一步测试的结果

这次测试的结果是什么呢？"他肯定不喜欢我们不让他去音乐会这个决定，但他并不是不喜欢我。我很诚实地告诉了他不能去的理由，而他感谢这一点。我不是简简单单就拒绝了他。"

彼得接着描述了他从这次测试中得出的结论：

我越想去取悦别人，自己就越不开心。但是如果我坚持原则或者取悦自己，我就不会让别人高兴，他们也会不喜欢我……这两个念头都在生长，并且相互纠缠。认识到这一点，看到它们之间的对立，并试着去确定哪一个更重要，或者尝试去弄清楚如何将这两者联系起来，这就是变化和挑战的关键所在。

彼得弄清楚的是，他不必两项都选。他发现，当只有一个需求可以得到满足时，那必须是他诚实面对自己的需求，否则他不会喜欢自己。他说："如果我不诚实，那我就不喜欢自己了。要对自己坚守的原则撒谎或者不诚实，这样的生活太艰难了。"尽管他已经得出结论，比起必须让他人喜欢自己，他更需要自己喜欢自己，但这并不意味着他不会考虑他人。

□ 彼得的回顾

彼得反省了过去几年他所经历的改变，对他来说，一个重要的教训就是自我诚实和对他人诚实之间的关系：

那些事都很小，所以相对容易妥协，放弃诚实的原则，然后我就这么做了，其他人的话……所以我会对其他人说那些我认为他们想听到的话。只是这样会言行不一。问题是你不能一层层地剥开外表，因为无论你做什么，最终的核心都是你不诚实。不只是对自己不诚实，其他人也可以说"你对我不诚实"。

关于他让别人喜欢自己的策略是否有效，这是另一个重要的教训：

诚实通常不会让你不受欢迎，可能短期会令人不快，但不是长期的。如果别人根本不喜欢你，那么这是一个永远没办法达成一致的大问题。但现在我发现要弄明白这些问题容易多了。不管怎样，有些事都是我不愿意妥协的。此外，我现在知道妥协也不会带来什么影响。人们要喜欢我就是喜欢我，不喜欢就是不喜欢。

另一个重要的变化是彼得对别人喜欢自己的定义。虽然彼得曾经认为，人们不能把决定者和决定本身分开，但现在他知道这是可以做到的。

当被问到他将如何描述现在的第三列承诺时，关于那些喜欢他的人，他这样说道：

> 我几年前定义的那种讨人喜欢已经不存在了。也许我的承诺依然是受人喜爱，但这是出于别的原因，"喜欢"已经不再是承诺中应该出现的正确说法了。我希望人们出于正当的理由喜欢我。我不希望他们只在表面上喜欢我。这是不同的层次。我希望他们喜欢我，希望他们因为真实的我而尊重我。

> 最重要的是，彼得更明确也更自信地认清了自我诚实的重要性以及保持自我诚实的方法，这些都是他的改变。

> 令我惊奇的是，这些都是非常琐碎的小事，我以为其中没有任何一件事能改变生活的方向，但实际上并非如此。我想颠覆过去对自己来说很重要的事，但我又自己压制了这个念头，让这些事情继续下去，因为处理我所压抑的想法是一件更困难的事，我没办法处理它。现在，我阐明了自我诚实的重要性。我确定了它的重要性，而这就是最重要的事。现在我有了方法，也有了秩序，有了可以利用的指导大纲。我认为这是我立足的基础。我清楚地知道我必须追寻什么，我在寻找自己能够立足的地方，并且我也知道了过去我是因为希望别人尊重我才偏离正轨的。

□ 盘点

通过这些年来一系列的测试，彼得挑战了最初的大假设。（假设一下，如果我做了人们不喜欢的事，他们就不会喜欢我，并且（可以继续推断出）如果他们不喜欢我或者觉得我不好，那

这就太可怕了！）他重新构建了最初的假设，形成以下一系列
假设：

- 假设保持诚实、取悦自己并不与取悦他人相悖。
- 假设我的言语与行为不该被他人的想法左右。
- 假设有很多种方式可以诚实地与他人交流我的处境，同时并不会让他们厌恶我。
- 假设人们可以区分做出决定的人和决定本身；人们可能会对决定感到不快，但并不会厌恶决定者。
- 假设人们虽然不喜欢你所说的话，但会喜欢你的诚实。
- 假设此一时彼一时，人们面对同样的情况会做出不同反应（一个人也许会在当下对我感到不快，但是过段时间就好了）。

在我们第一次正式采访彼得时，他正在全力解决一个高风险的工作难题，他意识到这与他一直在处理的事务相互牵连。一个新老板来了，彼得曾与他说过以往的麻烦事，很快，就有无数的机会可以思考他想要多大程度地保持诚实。

我还没弄清楚。我不确定。这可能会让我丢掉工作。如果是那样的话我该怎么办？我想我知道该怎么办，但我不确定。不过思考这一点让我更清晰地知道自己该关注哪些事了。

思考这件事对于彼得而言是另一个重大改变。利用新技术，彼得学到了如何系统地处理过去他只能"应付"的情况，而现在，他把这种情况称为"陷入流沙之中"。因此，他对于主动注意和处理情况的自信与能力都有所提高。彼得把对自己的深入了

解与使用四列表的方法结合，这让他对解决当前的重大问题感到更有把握：

> 我回顾了大假设，并且认识到，这种情况对大假设而言是个很大的测试。能倾尽全力去思考这件事，我觉得是很好的。虽然很担心，但我不再害怕自己会用不合理的方式处理事务，或者不能理解自己为什么要这么做。我知道我不会再在同一个地方跌倒了。谢天谢地，因为有了这些"适度的测试"，我的探索可以更加深入。我的大假设被彻底推翻了，这出乎我的意料，但我有自信自己可以处理它。

苏珊、艾米丽和彼得的回顾：让火种继续燃烧

苏珊、艾米丽和彼得的故事告诉我们，深入开展这项工作最重要的是，要找到维持与大假设关系的方法，而不是再度深陷其中。你要从大假设中分离出来，创造新的空间，激发新的思想，做出新的选择，尝试新的行为。如果你的假设还是主体，如果不去检验，那么它会继续维护"免疫系统"。

大假设（比如"如果我不能一直为他人提供帮助，我就不会被重视或者被爱"或"如果我做了人们不喜欢的事，他们就不会喜欢我，并且（可以继续推断出）如果他们不喜欢我或者觉得我不好，那么这就太可怕了"）推动了第三列承诺（比如"我承诺永远不拒绝别人"或者"我努力让人们喜欢我或者觉得我很好"），这反过来又支持了破坏第一列承诺的行为（第二列中的行为）。

换句话说，许多大假设共同维系了一个系统，正是这个系统产生了对改变的免疫力，使改变失去效力。通过把熟悉的事情陌生化，并给自己机会让陌生的事（很有可能人们认为是真相的事其实并不是真的）变得更令人熟悉，人们可以进一步推动内部语言的工作。

四列表练习技术是有意设计的，目的是创造一些理由，让你想去打破大假设。它向你展示了大假设让人效率低下，而且是对抗改变的巨大力量。它描绘出一幅图画，你在画面上被两个方向的力量同时拉扯。这不是普通的或者美化过的自画像，它极为有趣。如果想要任何深刻的变化发生，就必须深入理解这幅图画。面对它，你要么转身离去，要么朝着它探索前进，而什么都不做几乎是不可能的。

不过，如果不在特殊环境下，人们最终很可能会转身离去。苏珊、艾米丽和彼得的故事告诉了我们，坚持探索一段时间后会发生什么。苏珊的故事让我们了解了在 15 周的研究生课程中，每周会面 3 小时进行语言工作的情况。艾米丽在一个研究所内学习了两周，4 个月之后又学习了 10 天，在此期间确立了她的大假设。一年多以来，她一直在自己研究大假设，定期和研究所中的同事以及我们团队中的人讨论。我们采访了彼得，他已经应用这些语言进行了 3 年多的个人学习。在这些年的工作中，他和一位共同参与这个项目的同事一直保持着联系。对于这些人来说，建立一个全新的语言社区，哪怕规模很小，都在努力对现实中长期存在的问题进行着有效的改变和革新。

苏珊、艾米丽和彼得都想知道，在他们的学习环境中，哪些因素能帮助他们成长。苏珊看到了 5 个重要的因素：

（1）我在课堂上被同事和老师所接纳。我可以做我自己。

（2）课堂不鼓励我发泄对乔的负面情绪。直到学期末，才允许一个人通过"进来前要敲门"[○]的方法说出自己的不满观点。并且，即使可以表达这种不满观点，也必须用"我是如何感觉的"而非"你就是这样的"方式抒发。

（3）我不仅信任，而且还尊重小组中的其他成员。对于他们可能教给我的东西，我的心态是开放的。这种信任和尊重是从哪里来的？我不会很快产生信任和尊重，人们需要用自己的言行来获得我的认可。他们展现了我想看到的品质。我发现，他们聪明机敏、乐于助人、风趣幽默、真诚坦率，而且还勤奋工作。

（4）我想要改变，也在寻找改变的方法。当我重回学校，我的目标之一就是学会如何更融洽地与人们相处，而不是像我过去那样，把学习目标仅仅局限于我的学术成就，我也有了人际关系的目标。

（5）在我真正产生变革（对朋辈少一些评头论足）之前，我愿意暂时停止怀疑，改变我的行为。比如，我没有跑去找一个朋友抱怨，也没有刻意在课堂上讽刺乔（哪怕是面部表情也没有）。在我能做出积极行为之前，我宁愿什么都不做。

在艾米丽所处的环境中，她认为自己的这段经历具有强大力量：

我想到这么多年来自己都在接受付费的心理治疗，以及为什么我现在才做出改变的尝试。我认为，如果群体中的每个人都这

○ 下一章会解释该方法。——译者注

么做，那么这个群体就会有很强大的力量……和我一起做练习的那个人，他描述了自己的情况，他说自己把灵魂都出卖给了一个知名机构，而这个机构给他的待遇让他非常不满，他非常担忧。实际上，他的假设就是，如果离开了知名机构他将一事无成。当他意识到这一点的时候，他都快哭了。他是一个看起来很坚强的并且明确知道自己目标的人，他有这样的表现是非常出人意料的。看到其他人怎么做练习，大家感觉就像是在共同奋斗，而不是我在孤军奋战。而且我们都知道，在下次见面时，每个人都会回头重新审视这个假设。

彼得认为，他在最开始与职业发展研究所其他参与者的接触经历，是使他继续探索大假设的关键因素。他说：

多年以来，我一直和最开始在研究所认识的三四个人保持着联系。第一年我们之间通话比较频繁，而现在我们可以在一些场合见几次面，比如在某次会议上。然而，无论是什么时候，无论用什么方式联系，甚至都不一定讨论对假设所做的工作，我们所做的就是一起庆祝这一共同经历。我知道这听起来可能很老套，但仅仅是和他们保持联系就可以让我重获新生，让我在做学院领导的时候充满信心。

苏珊、艾米丽和彼得告诉我们，人们需要一个"可持续的环境"，在这里他们可以安全参与一些对话，而这些对话可以有助于充分探索他们内部的第三种力量。产生打破固定思维模式的动机很重要，但它依然只是花火一闪；看到自己大假设的第一眼，充其量也不过是微弱的火苗。为了继续工作，火苗必须燃烧起

来，成为火焰。这 7 种语言就是要变成稳定的氧气供应，只要人
们的个人学习有所需要，就让火种继续燃烧。

延伸阅读

Kegan, R. *The Evolving Self: Problem and Process in Human Development.* Cambridge, Mass.: Harvard University Press, 1982.

Kegan, R. *In Over Our Heads: The Mental Demands of Modern Life.* Cambridge, Mass.: Harvard University Press, 1994.

Kegan, R. "Epistemology, Expectation and Aging: A Developmental Analysis of the Gerontological Curriculum." In J. Lomranz (ed.), *Handbook of Aging and Mental Health: An Integrative Approach.* New York: Plenum Press, 1998.

Kegan, R. "What Form Transforms? A Constructive-Developmental Perspective on Transformational Learning." In J. Mezirow (ed.), *Learning as Transformation: Critical Perspectives of a Theory-In-Progress.* San Francisco: Jossey-Bass, 2000.

Kegan, R., and Lahey, L. "Adult Leadership and Adult Development: A Constructivist View." In B. Kellerman (ed.), *Leadership: Multidisciplinary Perspectives.* Upper Saddle River, N.J.: Prentice Hall, 1983.

Kegan, R., Lahey, L., and Souvaine, E. "From Taxonomy to Ontogeny: Thoughts on Loevinger's Theory in Relation to Subject-Object Psychology." In P. M. Westenberg, A. Blasi, and L. D. Cohn (eds.), *Personality Development: Theoretical, Empirical, and Clinical Investigations of Loevinger's Conception of Ego Development.* Hillsdale, N.J.: Erlbaum, 1998.

Lahey, L., and others. *A Guide to the Subject-Object Interview: Its Administration and Interpretation.* Cambridge, Mass.: Subject-Object Research Group, Harvard Graduate School of Education, 1988.

Rogers, L., and Kegan, R. "Mental Growth and Mental Health as Distinct Concepts in the Study of Developmental Psychopathology: Theory, Research and Clinical Implications." In H. Rosen and D. Keating (eds.), *Constructive Approaches to Psychopathology.* Hillsdale, N.J.: Erlbaum, 1990.

Souvaine, E., Lahey, L., and Kegan, R. "Life After Formal Operations: Implications for a Psychology of the Self." In C. N. Alexander and E. J. Langer (eds.), *Higher Stages of Human Development.* New York: Oxford University Press, 1990.

实践社会语言：在工作团体中学习

在第 5 章中，我们介绍了第一种社会语言，也就是持续关注的语言。在表达钦佩和感激时，我们将这种直接、具体、无属性的交流方式与传统的带有赞美的安抚、传递温暖或简单说一句"好样的"区分开来。那么，你该怎样继续使用这种语言呢？

深化持续关注的语言

试想一下，作为领导，假如在所有会议上（比如，领导员工、委员会、项目组、团队、部门、院系、分部的会议），你都让大家畅所欲言，让所有参会员工都能（直接、具体、无属性地）表达心中的钦佩和感激之情。

对于这样的情景，人们通常有些担忧。"如果我这么做了，却没有任何人说话，会议陷入一阵漫长而尴尬的沉默呢？""如果有一人从没得到过任何感激怎么办呢？""我们必须这么做吗？公开在团队里这么做太露骨了吧！"

现在我们一起来分别看看这些担忧。

□ 领导者的职能

如果没人说话该怎么办？在我们的经验里，这从未在现实里发生过，但如果真的发生了，这对一个塑造语言的领导来说也是有益的。即使今天没有一个人说话，你也锻炼了领导力，因为你传递出这样的信息：这是可以在工作中持续进行的事情。它可以继续发展，如果不是今天，那就是明天，大家总会有所收获的。

当你为某件事创造空间时，它真正发生的可能性会大得惊人。这就是我们所谓的领导语言社区。这样做的目的不仅是让领导者注意自己讲话的内容与方式，而且让领导者有机会为社区所有成员创造沟通渠道或空间，去进行不寻常的交流。

例如，想想大多数人对工作会议的态度吧。在他们的眼中，工作会议就是死气沉沉的。"哦，太好了，"进入会议室时，他们喃喃自语，或者对其他人低声说，"又开工作会议了。我最喜欢开会了！"部下对会议翻了个白眼，这种反应被我们称为"部下的特权"。部下有权像平时一样发牢骚，而领导者则不行。领导者没有翻白眼的特权，也不能说："好吧，我又浪费了生命中的两小时。"

领导者没有这种权利，因为他们正在主持会议。如果你正在排队登机，听见身后有人说："如果上天真的希望我们能够飞行，那么他会让人类天生就长翅膀的！"然后，当你回头一看，你发现说这话的人就是飞行员，你会有什么感觉？可是，虽然领导者没有这种权利，但这并没有阻止许多领导者不正当地行使这一权利。

作为领导者，我们知道人们不太愿意参加会议，这实际上应该唤起我们的关注和担忧。这就像在派对上，派对的组织者听到一个朋友说："听着，我说的话不好听，但我是你朋友。如果我不对你说，还有谁会对你说？大多数人都不情愿参加你的派对。"那么经常举办派对的主人一定会重视这样的评论。

毋庸置疑的是，会议必须处理手头的紧迫任务。会议同时也是一个特别的机会，可以让所有人聚在一起。平时人们是各自分散的，每个人都投入在自己的工作当中；但在开会的短暂时间里，人们都聚集在会场里。安排这种活动十分不易，因为协调每个人的时间表往往是一场噩梦。所有人聚集在一起，不仅能短暂地处理当天的事务，还能提醒人们（并重振精神），集体最重要的是什么，人们最关心的是什么，人们支持什么，或是要做些什么才能创造出更大的意义。这是一个能让人重焕新生的目标，如果会上连一点时间都不留给这个目标，那将是对领导机会的严重浪费。

不过，这种浪费恰恰就发生在日常会议（哪怕是那些高效开展的会议）中。讽刺的是，尽管我们生活在世纪之交，通信技术正在发生一场非同寻常的革命，有些 20 世纪曾实践过的交流艺术在今天看来依旧至关重要，然而如今它们正在枯萎。其中令人最先想到的就是待客这门艺术，或者说是最深层次的款待，如今美国的领导者已经很少实践和欣赏它了。

待客的艺术远远不只是一个温暖的微笑或是记住某人的名字。你参加过社交活动吗？比如，一次为了纪念某人而举办的庆祝活动。食物很美味，饮料也很爽口，人们三三两两，聊得很愉快，但是没有人能找到一个能让人们共同举杯的话题，或是能让单独的私人谈话安静下来，也没有人来说几句关于因为嘉宾到此而让大家感到多么荣幸、快乐的话，来整合人们的碎片化体验，使之成为一段共同经历。人们离开这个聚会后和某个朋友或某对夫妇开车回家，在某种程度上人们意识到，这次聚会并不完整。人们甚至还能指出它缺失的部分：不仅仅是聚会的嘉宾，连自己也被剥夺了凝聚成整体的体验，这个整体本可以把它的注意力集中在同一个目标、同一个时刻、同一个大家关心且认可的人身上。

然而，更常见的是，人们并不清楚到底缺失了什么部分，为什么这次的仪式似乎不太完整，为什么节日狂欢的短暂刺激代替不了深度融合、有目标的社会体验带来的满足感。人们叹了口气，却并不深究。今天，在 21 世纪里，人们可以不去理会这种在聚会中产生的不满，但是任何一个研究过 100 年前美国社会生活形式的人都会知道，尽管这种场合如今已经司空见惯，但在之前，如果人们参加的是前面所述的那种聚会的话，他们一定会感到非常奇怪。

近百年来，无论通信技术如何提高，它都没有掌握待客这门人类的艺术。这门艺术的应用范围正在急剧缩小，而且直到如今，领导者在 19 世纪就十分有限的组织能力也没能通过哪种工作中绝佳的交流技术得以弥补。待客的本质不在于热情微笑和真诚挥手，而在于创造一个共享意义的空间，在这个空间里，人们的关注点和意图是一致的。

如果领导者在会议一开始就创造出一个空间，让任何人都可以随心表达钦佩和感激，他就利用了所有人聚在一起的特殊场合进行交流，告诉人们，这是大家可以互相支持的场合。这个地方除了让人感到紧张或失望（而这些都是人们在工作中不可避免会遇到的情况）之外，还会让人彼此钦佩和感激，并真诚地表达出来。在这里，人们不仅可以高效地处理眼前的管理事务，或者让集体组织按计划前进，还由衷地关注着一开始大家凝聚在一起的初心。

在为这种形式的交流创造出渠道之后，塑造语言的领导者要求人们，无论他们是否知道或会不会利用这个渠道，他们都要去思考自己钦佩和感激的经历。即便用尽所有方法，工作还是十分艰难，令人不安，但这就像参加一门精神修行的课程，人们发现这能够增强体会钦佩和感激的能力，这是一种令人振奋的感受方式。

通过创造这种表达渠道，塑造语言的领导者除了自己能从这样的体验中获得益处，还极大地增加了其他人的机会。毕竟，如果没有这种定期交流的机会，人们钦佩和感激的体验会变成什么样呢？你会真的让别人知道自己的钦佩和感激吗？在最好的情况下，即使你有很欣赏的人，可如果工作环境中不存在一个公共渠道，你也不太可能把自己的想法告诉你钦佩和感激的那个人。想想你要克服多少障碍才能做到这一点吧。你需要追着那个人，请求他给你一点时间，也许还要说一些必要的寒暄言辞，先创造一个能交流的环境，然后才能真正开始表达你的想法。

这样的要求太高了。这是在期望人们跨越很大的障碍。大多数时候，即使意识到自己的感觉是钦佩和感激，人们也难以跨越这一大障碍。毕竟，人们总是很忙，太多人和事占用了工作的时

间。手边还有二十几条手机短信和电子邮件没有回复。更有可能
的是，大家不会去开展这样的交流。多遗憾啊。如果这种社交活
动永远不会发生，那是整个社区的损失。但是，作为语言塑造者
的领导者可以努力挽回这种损失。

□ 没有得到关注的人会怎样呢

"那没有得到任何钦佩和感激的人，又会怎么样呢？"人们
问道，"不是会有这种风险吗？"有趣的是，在我们第一次介绍
想法时，时常有人提出这个问题，但当持续关注的语言开始建立
并运行后，就再也没有人这么问了。之所以如此，可能有两个
原因。第一个原因是，这个问题反映出，如果这种交流是一次性
的，那么它就不具有持续进行的专业对话（语言形式的本质）的
特点了。如果这种交流很罕见，那么在会议这样的特殊场合中，
谁会受到赞赏和谁不会受到赞赏就是大事。

不过，如果这是日常谈话中的一部分，那么在任何场合里，
不被"关注"都不是一件耻辱的事。"你单独表扬一个人，也
不一定就是好事啊。"这种反应对颁奖活动（比如"年度最佳员
工"）来说既常见又恰当，但持续关注的语言不是颁奖活动。它
不是在分配稀缺或有限的资源，而是在创造一种可以延伸和扩展
的资源。

如果一个人在整个语言生命中，从未受到公开或私下的关注
呢？这似乎不太可能（在现实中，人们也不会告诉我们）。就算
这真的发生了，这种不关注可能也是一个重要信息："我是不是
没有给别人机会来了解我的工作？为什么没有人认为我的工作是
值得钦佩和感激的？"

第二个也是更重要的原因就是：随着继续使用持续关注的语言，这种不被认可的担忧似乎减少了，因为对于参与者而言，根本不存在对这种交流的奖赏，既没有一次性也没有频繁的奖励。请记住，如果这样的交流是无属性的，那么它就是关于发言者本身的体验，而非强调他所感激和钦佩的那个人。持续关注的语言是向人们提供发言者想传递的信息，而不是接受者的属性，一旦明确了这一点，那么谁会收到感谢的问题就不再那么重要了。

□"我们必须要在公共场合这么做吗"

有时人会对我们说："好吧，这么说没错，但我们必须在公开场合这么做吗？这不是我做事的风格，太露骨了。"还有人会说："和我的团队一起做？我自己觉得还好，但我立刻就想到了某些同事，他们可受不了这个！他们会疯掉！他们会说，'呸，我怎么突然觉得自己在做心理治疗'！"

这种反应完全可以合理，而且经常出现。当然，你不是必须要在公共场合使用持续关注的语言。我们的建议是，在你的工作环境中应该有更浓厚的钦佩和感激的氛围，而这个建议并不是什么灵丹妙药，只是一个创造和维持持续关注的语言的例子。在思考这些语言背后的意图时，你可能会发现，自己正在实现这些意图。我们的建议只是示例，是实现抽象目标的具体方法。

但是，在你迅速拒绝这个建议，不去公共场合打通这样一个渠道之前（要么是因为它让你感到不舒服，要么就是因为你觉得它会让别人不舒服），我们想知道你是否曾经考虑过，组织团体目前召开会议的方式也可能会让一些人感到不舒服。

在你的工作环境中，小组可能采用的是正式、商务、业务高效的工作方式，这种工作概念会不会让某些人感到不舒服？或者你工作环境的语言形式是诙谐滑稽又不正式的，而这种风格长期以来会不会让某些团队成员不舒服？任何关于在工作中该如何与他人交谈的新方式都会让一些人感到不适，但作为一个语言领导者，你该如何看待这样的情况呢？

在当今的潮流中，人们日益尊重工作的多样性，一个令人钦佩和崇高的理想已经初具雏形：工作环境可以大度地包容所有差异。这个愿景令人感动，也许有一天，它真的会实现。但在那之前，我们有一个更温和的建议。那就是，不适感能更均匀地扩散开来。

不论你在工作中做出什么改变，总会有人对此感到不适，这是肯定的。如果这种不适不可避免，那么它是否应该成为你停止计划的判定标准呢？本书的 7 种语言形式和有的人风格相符，但会让有的人感到不安。我们认为更重要的是，不舒服的情况无可避免，但不能总让同一个人承担不适。

事实上，我们的经验是，在一个团队让成员能够以持续关注的语言（尽可能做到直接、具体、无属性）进行交流时，他们最后往往会惊讶于自己居然想说那么多的话。我们站在一大群人面前，一眼就能看清所有人的面孔，我们经常希望人们能立刻与我们交换位置，这样他们就能看到，当他们的同事受到钦佩和感谢时，脸上会露出多么愉悦而柔和的表情了。

是的，这样的交流不必非得在团体中进行，但当真的公开进行这样的交流时，就会产生各种各样的复合效益。我们注意到，只要这种语言出现，人们就能从中获益，哪怕自己并不直接参与交流。同时，人们也喜欢看到一个同事能因为勤奋的工作而收获鼓励。

用这种方式进行公开交流也不会取代或减少私人交流，反而可以增加人们在工作中私下进行这种交流（他们彼此交谈、互相传递小纸条、发送电子邮件）的概率。认真参与公共生活，可以从本质上改变和优化私人生活，这就是有益的公民领导力和重大公共仪式一直以来的意义。

许多人完全得不到价值驱动型社区的精神滋养，以至于"仪式"这个词就意味着空洞或自动的公式化行为。这不是仪式的定义，而是枯竭的仪式的定义。这种仪式没有任何有意义、有活力的源头。仪式可以是一个途径，通过它，人们最终会铭记对自己很重要的东西。卓越的领导力有助于让团队成员"重新归队"，再次记起团队的价值观和主张，并且再次回归到一个团结的整体。作为语言塑造者的领导者一定希望能够记住这些崭新的交谈方式。

我们推荐在公共群体中多使用持续关注的语言，这不仅仅是为了产生更多的钦佩和感激，只把这种语言当成一种高效的工作手段，更多是为了通过展现这种语言提醒团队：在这里，我做的事对他人很重要，他人做的事对我也很重要。

□ 领导语言社区

有效地领导语言社区并不意味着要成为领头发言人。事实上，尽管我们推荐会议领导者建立传播持续关注的语言的渠道，但我们也建议，至少在一段时间内，领导者本人要远离这个渠道，尤其是当他们既是会议领导者又是团队中权力最大的人时。

如果钦佩和感激是来自领导者的，那么这就不像是发表发言者自身的体会（即使是在无属性的情况下），而更像是一种微妙的暗示。持续关注如果来自领导者，最终会让人感觉更像是社交潜规则或是（有意或无意的）操纵。一种古怪的控制因子偷偷潜入，腐蚀了这个空间。只有在员工弄清楚领导者创造持续关注的语言的渠道不是为了通过奖励来进行管理之后，领导者才能以一个同事的身份，偶尔使用自己持续关注的语言。

因此，要在工作中创造和维系这种罕见的谈话方式，领导者并不需要在现实中过多使用这种谈话方式。更重要的是，领导者要创造出让他人能够更多使用这种谈话方式的渠道或环境。这是为了丰富对等交流的形式，而不是让领导者进行更多类似于"好样的"这种表扬。

大多数领导者，无论年龄、性别、组织的类型、领导的国家或地区如何，都有一个共通点：他们很累。领导者都非常辛苦。人们都深刻认识到了这一点：大多数领导都工作得太努力了！

当领导者把自己当作工作中一切美好事物的源头、发起者和创造者时，他们工作得太努力了。对于目前工作中所缺乏的美好事物，除非领导者创造促使其发生的渠道或环境，否则这些事依旧不可能发生。如果领导者花更多时间观察这样的事物（为了领导者个人和组织的健康），他们可能会做得更好。

人们确实希望能与同事互相表达对对方工作重要性的珍视。做出这样的判断，是因为我们看到了持续关注的渠道在建立之后所释放的能量。即便如此，正如第 5 章的开头所说的，我们遇到的几乎每个组织或是工作团队都惊人地缺乏沟通，真正积极的看法就像未被开发的矿石一样隐藏在地下。

高效能量的源头并不是领导者。如果这种能量能够广泛扩散，那么领导者就不会感到疲累了。不过，它只是潜在的能量，需要领导者主动地激活它，释放到环境当中去。

深化公共协议的语言

在第 6 章中，我们介绍了公共协议的语言，就像持续关注的语言不同于表扬和颁发奖励，公共协议的语言也不同于规章制度。我们还说，公共协议的语言是一种培养组织正直的手段，并且可以促使内部矛盾现形，以供人们学习。

不过，在现实的工作生活中，你究竟该如何进一步创造和实践这种语言（而不仅仅只是解释它）呢？

当然，现实的组织和工作团体远比我们在第 6 章中模拟创造的更复杂。它们几乎都有自己的历史。它们已经投入经营了。无论它们生产出了多么畅销的产品，它们都不可避免地产生了一系列的系统失调和人际关系问题。伴随着人们的正式头衔、权力和公共职能，它们的声誉产生了，问题也出现了。

这使得公共协议语言的建立变得更加困难，但并非完全不可能，正如我们在自己的经历中看到的那样。事实上，一个组织在其历史中一定是有麻烦的，这其实并不是对目标的阻碍，而是一种帮助。工作的历史说明人们已经可以指出问题，而且你将看到，这些问题将成为制定公共协议的资源。

□ "你们之间已经达成了哪些共同协议"

我们建议，你可以通过寻找现有的公共协议，并且针对违规行为的处理，开始评估组织正直的状态（不同于集体中个别成员的私人正直），因此，我们首先要问工作团体一个格外简单的问题："你们之间已经达成了哪些共同协议?"这通常能让人认识到他们在小组内真正共享的协议是多么单薄（并且对日常生活来说是多么无关紧要）。

人们很容易辨识出在少数人中的私人协议。（"嗯，我和CEO（或上级、院长）签署了一份协议，里面说明了我的雇用条款。""理查德、海伦和我都同意，我们共同拥有研究项目中的所有数据，因此，所有人的名字都将出现在一切根据该数据撰写的出版物上。"）这类协议没有任何问题，但它们与集体组织的共同团体生活没有任何关联。

下一个常见的反应是，人们会提到政策手册和治理架构，比如"所有员工都将产品的制造和分销信息看作专利；不得与公司外的任何个人或组织共享这些信息，对这些信息的任何要求都应向直属主管报告""应及时提交常规报告与评估""通常，教员不允许连续休假超过两年"或者"合伙人中投票必须达到2/3才能……"

这些当然是团体内部的规则；在某种程度上，如果新入职的员工是有意识地和其他人一致同意这些规则的话，那么他们就创建了一份协议。然而，许多新老员工都从未有过集体创建这些协议的经历，而且大多数员工与它们的关系也并不密切，这些协议被遗落在抽屉里的某个角落，对现实的工作并没有起到什么作用。

更重要的是，这些协议通常在强调保护组织生活的极端和边界问题，这些问题虽然有必要也有价值，但不是一个人组织生活的重要意义所在。（我的工作和保护专利信息或者休假不超过两年有多大关系？）因此，虽然这些协议看似涵盖了十分重要的内容，但换个角度说，它们其实是无关紧要的。日常的组织生活几乎不会受到它们的影响，人们也不会遵循这些规范。

最后，如果这些协议遭到违反，那么违规行为将被上级私下裁决或纠正，而不是在和同事共同学习的公共环境中得到解决。

在举出私人协议和制度手册的例子后，人们有时（在试图确定目前在运行什么样的协议时）会提出的最后一个问题，也是我们所谓的"类似"协议。（"嗯，我想我们应该有一个类似这样的协议，我们能相互通报……""我认为我们有一个协议，类似于可以调整对这个政策的遵守条件，如果我们遇到这种的情况……"）

一旦"类似"协议被提出，通常我们还没开始讨论它的局限性，团队中的其他人就已经开始讨论了。

"真的吗？"有些人怀疑地说。

"我不知道我们还有过这种协议。"

"没错，"另一个人说，"我也不知道。如果我们真的有这个协议那就好了，但是从很多人现在的工作方式来看，我们现在根本没有达成这样的协议吧。"

"好吧，"一开始提出这个协议的人说，"我一直以为我们有这样的协议呢。我一直就是这么做的呀。"

这样的"类似"协议，无论提出它的人有多喜爱它，它都完全不是一个公共协议。这通常是正直原则的体现：这个人自欺欺人，相信自己的价值受到了广泛认同，然而实际上并没有。

□ 像臭鼬工厂[○]一样反复出现的问题

如果现在的公共协议通常都很单薄，那么怎样才能使其丰满起来呢？我们的首选方法是进行一场不同寻常的谈话，讨论团体或组织生活中持续发生且反复出现的问题。如果谈话是私下在朋友间开展的，那么它通常的形式是某些"NBC"和"BMW"对话（抱怨的语言）；如果是公开的，则是某些努力排除故障和解决问题的谈话。我们不支持其中的任何一种。相反，我们乐于把持续发生且反复出现的问题当作"臭鼬工厂"，它可以生产新颖的、实验性的组织"产品"，也就是临时的公共协议。

本书提出："我们要相信，长期的难题不可能有简单的解决方案。如果有轻易解决的办法，你早就想出来了。可以进一步假设，要成功解决长期的难题，有些人不仅需要改变他们的行为，还需要改变他们的信念。改变人们关于自己、同事和工作环境的信念需要花费时间（所以我们需要耐心进入一个过程，而不是期望一夜醒来就达到成效），也需要支持（所以我们需要构建新的组织架构，不仅是抓住'某个问题'，还要抓住具有改变潜能的

○ 指大公司从事科研和新产品开发的实验室、科研部门等。洛克希德·马丁在 1943 年拥有了第一个臭鼬工厂。臭鼬工厂只是国防承包商先进开发项目的官方名称，如今许多大公司都在各自的公司内部设立了类似的部门，比如 Alphabet 的 Google X 实验室和 Facebook 的 8 号楼。——译者注

人，就是他们的信念创造并维持着那些问题）。这些组织架构就是我们所说的公共协议。创造它们并不是为了解决问题，而是为了让问题解决我们。"

将公共协议根植于持续发生且反复出现的问题中，确保它们不是人事制度手册中日常少见的边界问题，而是与日常工作中普通却又意义重大的问题有关。对话的第一步是找出一个足够成熟的问题（它是长期存在的，它很重要，也经常出现）。第二步是围绕这个问题制定一个协议，就像第 6 章中模拟 EPCOT 所做的那样。第三步与其说是一步，不如说是持续往下进行：预料到该协议将被违反，并围绕违规行为开展一门变革性学习的课程。快速看看这其中的每个步骤吧。

□ 第一步：指出一个成熟的集体问题

有时，出现的问题本质上是等级问题。比如，领导者和下属在一个房间里，下属指出一个他们看到的上级问题。（与其他角度相比，这是一个更有希望的开始，这种情形需要愿意聆听员工困难的老板。）而有时，问题并不是上下级间的，而是横向的。有关于此，我们会为你一一举例。

一个领导团队曾找我们做过咨询，他们来自一个复杂得多的部门组织。这个团队包括首席执行官、部门主管和负责跨部门事务的副总裁。各部门主管和跨部门副总裁级别相同，他们都直接向首席执行官做汇报。部门主管提出了一个关于首席执行官的成熟（长期存在、重要、频繁的）问题：

无论是在口头还是行动上，您都经常明确表示，您高度支持我们每个人制定和负责的部门任务及方案。您在大部分时候确实都是十分支持的。但您可能并没有意识到自己经常做一件事，而这件事有损于我们的领导力，也会影响我们方案最初订立的目标。那就是您经常单方面做出决定，或者通过公开解决某个问题以树立典型。虽说这么做就其本身而言是非常合理的，但不利于我们在各自部门进行的工作。

这是一场生动的对话，其目的不是解决问题或者责怪违规者（毕竟，如果没有事先的协议，就不会有现在的违规行为），而是揭示并澄清问题，并检验是否还存在一个关于目前情况及其影响的协议。在这种特殊情况下，领导者在回顾几个案例之后，也同意了自己的行动有着意想不到的影响，不仅破坏了部门主管的领导力，而且还破坏了他自己真诚的第一列承诺，即支持部门主管行使高度的自主领导权。

另外，他注意到，几乎在所有案例中，针对部门主管举出的事例，他都感到一定要采取单方面行动，因为尽管大家都同意有些事需要合作、经过团队审议、做出符合团队意愿的决策，但又十分紧迫，需要尽快完成。

整个团队说明了为什么这不是一个只需要简单解决方案的问题。首先，首席执行官说："虽然我不想破坏部门主管的领导力，同时我更倾向于共同决策，但诚实地说，在我的职责中，我确实感到必须偶尔做出个人决策，我也不愿意让所有决策都经过团队的审议程序，对此我没什么可感到抱歉的。"其次，团队的其他成员也同意首席执行官应该拥有这种特权，如果他们是首席执行官，他们自己也想拥有这种特权。

□ 第二步：制定协议

在大家一致认为问题确实存在的情况（人们所说的事确实发生了，所有人也认识到了问题的代价）下，我们转而探索团队是否希望达成一个协议，并且团队成员相信这个协议能对解决问题产生有利影响。

与 EPCOT 模拟的情况不同，经过多次交谈，团队成员在以下方面达成了协议。首席执行官承认：①他很想及时从部门主管那里获取明确信息，了解他的单方面行动对部门主管的计划会起到多大的负面影响，并且可能会因此修改他的计划；②在这种情况下，如果他预计采取单方行动，那么在行动前他一般会等待 48 小时（部门主管一开始只要求 24 小时，然而首席执行官提出，出于合作精神，他可以等待更长时间）。

由此产生的协议被称为"48 小时窗口协议"：首席执行官同意，先进行深思熟虑，然后在采取单方行动前，他要把自己的意图通知部门主管（他们最终商定通过发送电子邮件沟通），并且在最终决定和实施行动前等待 48 小时。之前在进行一般交流时，当首席执行官提出"你对此有何看法"时，各部门主管只会回答，"我希望你别这么做"。而现在主管一致同意，如果他们能够确定自己的部门会受到首席执行官计划行动的影响，并且知道这个影响是如何产生的，那么他们就会认真思考首席执行官的做法，并对此给出详细解释，而不是简单否决。

部门主管希望首席执行官明白他是如何破坏他们的计划的；首席执行官希望开诚布公，开放地获取这些信息，但是他不希望此后每个他认为应该迅速决策的普通问题都要经过深思。这项协议似乎符合各方的需求，他们都对此感到满意。

我们稍后会继续讲述"48 小时窗口协议"的命运，但在那之前，让我们先借用同一个团队作为案例，看看它的横向问题，以及因此而产生的协议。

另一个问题也很快得到了团队成员的认同。情况是这样的，有些人（也就是部门主管）对某一子部门负有领导责任，而其他人对整个机构的职能负有领导责任（跨部门副总裁就是如此。举个例子，就类似于一个人是业务经理，而另一个人则负责所有部门的专业发展与评估）。领导力的不同性质意味着他们不局限于各自的组织空间，他们是重叠的。例如，评估副总裁可以横跨每一个部门主管的管理领域。

有时，副总裁会因为觉得自己侵犯了他人的领域而感到困扰，这就限制了他们行动的最大范围。然而，一个例子的具体讨论表明，部门主管完全没有任何被侵犯的感觉。在另外某些情况下，部门主管感到他们的领域被入侵，并因此而恼怒。然而，接下来的对话又表明，副总裁在这些情况下并不知道他做出了侵犯。（毕竟，如果没有协议，就根本不会有违规行为。）

因此，副总裁和部门主管创建了一个协议，他们称之为"你放心吗"协议，这个协议反映了一个共同信念，即如果人们在所属领域外的空间或职能范围开展工作，他们应该与该领域的领导者核实，确定领导者是否对他们正在进行或计划进行的工作"放心"。

这听起来是个简单而明显的改进之处（我们的很多协议都是如此），但如果能够遵守这个协议（或者哪怕能将违反该协议看作一种公开侵犯），就会发现它实际上对领导者来说是个很大的改变。(在实践中,人们未必会轻易遵守解决长期障碍的协议。)

让我们来看看最后一个例子,它来自另一个团队,也是横向问题示例。在某所专业学校中,监督学生实践的实习督导给出的评价很少,教师团队对此感到十分失望。"很少有督导深入探索,更少见的是这届督导还都这么挑剔。"一位成员哀叹道,"学生得不到深入的问题反馈,到了最后,我们考虑不让成绩最差的学生毕业,但我们又缺少一份记载问题的书面记录。"

伴随不负责任的语言,这类"NBC"或者"BMW"对话持续进行,直到一个勇敢的人发出了不同的声音:"我同意实习评价的质量很差。但是,作为顾问,我从一位实习学生和各门课程的导师那里拿到了咨询评价的复印件,我必须说,我们自己对学生的评价同样很简略,同时我们还避免提出批评。当实习准备委员会或毕业委员会开会讨论,要做出不让某个边缘学生毕业的艰难决定时,我们这些课程导师自己的评价质量,尤其是那种不置可否的态度,才带给了我们最大的问题。我们的评价权重是实习评价的五倍。学生看到的一直是'你做得还可以'这样的评价,而实际上他们做得并不好;老师知道学生没做好,他们或多或少也想说学生表现得不好,但他们没有这样说! 实习督导不是这个事件里唯一的反派,何况他们现在还不在这里,而我们和这件事有很大关系,并且我们此刻都在这间屋子里。"

这番话带来了许多伴随着笑声的自我反思。"我不是说自己就有什么不同,"这个讲出真相的人说,"当我握着方向盘的时候,我诅咒横穿马路的行人;可当我是个行人时,我也横穿马路。当我是顾问时,我看到一系列肤浅的、回避问题的评价,然后我就会想，为什么你们这些人就不能做得更好一点；可当我是课程导师的时候，有 35 个评价要写，我也会草草写完它们。"（更多赞赏的笑声）

最后，这个团队达成了一个共同的、公开的协议，要做出更全面的评价，尤其是在面对问题很多的学生时，不要使用简略或模糊的语言回避问题（在女教师向男教师解释唇部高光是一种能让嘴唇丰满起来的化妆品后，这个协议被命名为"高光协议"）。

□ 第三步：遵循协议的命运

从问题（第一步）转移到公共协议（第二步）并开始使用这种语言，本身就是一种激励。但是，除非有一个架构能够明确地与协议的命运相连（第三步），否则该语言最终一定会走向幻灭（"我们说了要改变，但事情还是一样"）。提高对组织正直的期待却又并不进行实际行动，会让原本的不正直变得更加令人失望。

一旦协议达成，基本就可以确保两件事；这两件事都十分重要。第一，将出现一些遵守新协议的实例；第二，将出现一些违反新协议的实例。

定期举行会议检查协议的进行情况可以促进公共协议的语言的发展。这些会议（或大会的某一环节）的宗旨是：①赞赏组织正直；②完善协议；③将违规行为转变为矛盾。让我们分别看看这几条宗旨。

■ 赞赏组织正直

首先，在会议开始时，人们可以通过明确、直接、无属性地赞赏或感谢同事们对协议所做的贡献，将持续关注的语言纳入公共协议的语言。这种经历（即协议实际上有重塑组织行为的力量，使其更专注、更公平、更高效）能够提升人们对组织正直的感觉。

部门主管对首席执行官说："我非常感谢你给了我这个机会，让我知道为什么你虽然支持这个请求，却还是在过去四个月中撤销了它。"首席执行官对部门主管说："我很欣赏你简明扼要地解释了你希望我重新考虑这件事的原因。"一个教员对同事说："你让朱莉娅在写作中把概念与实际联系起来，我发现你写的这个问题很有帮助，朱莉娅自己也这么觉得。我是她明年的老师和咨询顾问，现在我和她都对她写作的目标有了更清晰的认识。"

这些对话表现了对具体行为的赞赏，但更主要的赞赏对象是成员们共同的创造力。他们共同完成了一些事，并且让这些事继续保持活力；也许他们还将依赖这些事的力量在工作环境中生存下去。他们甚至能体会到，工作环境是可以改善的，而自己还可以对此做出更多贡献。

■ 完善协议

当然，这期间不是所有的谈话都是值得赞赏的。当成员们审视与协议相关的实际做法时，他们可能会认为协议还要得到修改，或者添加额外的修订条款。达成了"第一个来找我"协议的团队可能会决定先任命一个调查员，在来找"我"之前，调查员可以先充当咨询人。另一个团队甚至决定发布一个先来找"我"的推荐模式列表：如果你需要"去找"恩里科，你可以先查找列表，他在上面写的是他"更喜欢从一开始就进行面对面交谈"；

如果你要"去找"罗伊娜，你会看到她"更喜欢先收到语音信息、电子邮件，或者给她一张手写字条"。

制定了"高光协议"的团队添加了一些条款，建议如果顾问认为评价过于简略而模糊，那就要告诉写下这些评价的教员，自己还需要哪些更深层的信息。修订后协议的主要内容是"顾问不应该对提出要求感到不情愿，也不应感到这不符合要求"，这对那些不太愿意批评高级教师的初级教师来说帮助很大。

■ 将违规行为转变为矛盾

但是，这些对话最重要的功能可能是为违反协议的行为创造一个学习（而不是惩罚性的）空间，人们不会认为违规行为反映出这个协议需要得到修订或改进，而是认为这是每个人深度学习的机会。如果人们以个人学习的精神去分析自己的违规行为（而不是自责或草率地坦白认罪），其他小组成员往往就会发现，他们可以创造一个超越互相指责的空间。在实际操作中，组织可以用内部语言的四列表技术解释某个人的违规行为。

比如，当顾问在会议上提出问题时，一些参与了"高光协议"的教员承认，他们给出的评价如同裹着糖衣，而且总是避免应该在报告中做出的批评。这些教员都是一个小型学习小组的长期成员，因此他们同意继续探索、调查这个小组中的违规行为，并在以后的协议检查会上对此进行讨论。

其中一个人叙述了如下内容。（有些简略的表达术语，你需要熟悉前几章中的内部语言和四列表格技术才能理解。）

好吧，我对马丁做出评价时没有遵守协议。显而易见，我的第一列承诺是我要写出更好的评价，就像我们希望实习督导能写出来的那样。

我的第二列，也很明显，是我在类似马丁这种非常棘手的案例中，倾向于粉饰太平。

现在，很有趣的是，在改变这种行为时我很担心，如果我真的说了该说的话，我相信马丁（以及其他两三个我没有严格批评的学生）会给我负面的评价，而我知道得到学生的负面评价会产生什么后果。

比如，我就见过诺玛的下场，她在论文委员会坚持自己的立场，要求那些不达标的论文重写，而我们一致同意，这个论文标准已经是五年前的最低标准了。管理层做出过很多口头承诺，让我们不要对标准做出让步，但如果你坚持标准，并且开始打出低分时，你就会收到管理层的负面评价。把学生当顾客这种事情开始发生了。

一位系主任给诺玛打电话，问她是不是对学生太苛刻了。接着，学生们要求她不再参加论文委员会，然后她的合同被终止了，因为她参加的委员会没有达到合同中规定的数量。

告诉老师他们应该坚持高标准，但本质上要求他们变成有吸引力的、学生顾客想要购买的"消费品"，这太荒谬了。我已经看到过这种情况发生在博士论文上了，恐怕选修课以后也会发生这种情况。如果我对马丁和其他学生变得强硬起来，最终我就会被认定是一个很不通融的打分老师，那就不会有人来上我的课了。

管理层一边嘴上说着他们支持"高光协议"，另一边却会终止我的合同，因为没有足够的学生申请注册我的选修课。

于是，我的第三列是，"我承诺不因为太严格而出名"。这里有一个矛盾：我努力做出更全面、更真实的评价，同时我也承诺不要进入不受欢迎的危险处境！当然，我的大假设是，如果我不受欢迎了，系主任不会支持我，那我就完了。接着看吧。我会继续探究这个假设，有什么情况随时向你们汇报。

你可能会觉得这么处理违规行为十分古怪：既没有跪倒在地的罪魁祸首，也没有惩罚的震怒，甚至没有让违反者做出不再重复犯错的保证。

但请注意，违规者正承担着非同寻常的责任。他承诺对假设进行检验，正是这种假设维持了矛盾的平衡，而这种平衡又产生了违规行为。他的"免疫系统"阻止了他在行为上做出改变。

确实，你不能一直等待自我改变以消除极为糟糕的违规行为，这些行为可能需要单方面的领导干预、制止。然而问题是，大多数的违规行为都不是这样的。然而，大多数组织除了外部强加的劝告或沉默的愤怒之外，并没有学会其他的处理方式。

就像我们说的，大多数组织不会培养协议，只会强加规则。组织通常很快就会意识到，系统中没有充足的能量去监控和应对所有违反规则的行为，所以集体的行动往往并不稳定，并且很少执行规则。所有这一切导致了不高效、不公平和不专注，滋生了组织的不正直。

讽刺的是，一种鼓励对错误进行内部学习从而遵守协议的语言并不像我们一开始所想象的那样，它不是为了高效、专注、公平地解决违规问题而生成的一种生硬、苛刻、鞭打机制，而是一种更强劲的促进组织正直的方式。如果人们要看到他人让组织付出了高昂代价才做出改变，那么这种改变所能维持的时间将非常短暂，远不及人们由思维变化引发的改变。

深化解构性冲突的语言

有些团体想要制定的协议可能与其成员解决矛盾的方式有关（比如"第一个找我"协议）。但有的协议其实来源于人们对于冲突后果和其危险性的固有观点。

在第 7 章中，我们介绍了解构性冲突的语言，认为它与建构性冲突并不相同。

冲突的解构性方法与破坏性方法（拆毁）和建构性方法（建立）有着明显差异。在建构性方法显而易见的美好背后，潜藏着某个人毫不怀疑自己的评价和判断就是真相的观念。在实践中，建构性通常意味着"我必须找到一种富有同情心、支持性、及时并有效的方式来教导他人"。人们意识不到的是，建构性方法实际上是在宣称自己的评价或判断就是真相。相反的是，解构性方法是在寻求一种参与形式，既不贬低自己的评价，也不过早假定这就是真相。

与归咎于性格分歧（破坏性方法）或是慷慨地化身教师帮助学生看到光明（建构性方法）不同，解构性方法实际上保留了这两种方法的要素。从所谓的破坏性方法中，它保留了分歧的价值；从建构性方法中，它保留了双方为了学习而建立一段关系的价值。通过鼓励双方都成为学习者，并将冲突从无益的性格分歧转化为具有潜在效益的思想分歧，解构性方法将这些因素结合在了一起。

在工作中，人们如何才能继续深化解构性冲突的语言呢？我们以"烦扰差异"的一段经历作为基础，展开讨论（"烦扰差异"包括大范围的冲突经历，包括分歧、争论、不良行为或不作为的个人违规行为、负面评价、批评性评估，以及对同事工作质量的不满）。

□ 你是杰米

假设这样一个情景，你是杰米，是一位在爱默生高中教学多年的老师。李是学校中一位有吸引力、热情、有才华又富有理想主义的年轻教师，你很尊重也很喜爱李。你佩服李当老师的天赋以及与学生融洽相处的能力。但你又稍微有些担心，李还没有清楚地认识到教师在孩子们中的职业角色，你想知道李是否明白友好的专业人士和专业的好朋友之间存在区别。

尤其是最近，李在导演一部学生戏剧，你很关心李与一位参演学生的关系。李现在每晚排练过后，都会把帕特带回家。你偶尔会见到家长们在戏剧排练结束后来接孩子们回家，你觉得家长们一定会特别关注一个年轻学生和一位年轻的异性教师在晚上一起离开。

你绝不认为李和派特之间会存在不正当或暧昧的关系，但从另一方面来说，你确实认为这个情况不太好。你认为在公共场合中，人们不仅要避免做错事，还要避免看起来像是做了错事。你担心一个有才华的老师可能在无意间造成破坏性影响。你担心那个叫帕特的学生可能会对现在的情况感到非常困惑。你也担心其他学生通过从戏剧社学生那里得到的消息，开始传播伤害李或者帕特的谣言，又或者其他学生会觉得李有所偏爱。

这个情况对你来说很糟糕，你很希望李不要继续在每晚排练后单独与一个学生相处。你想让李给帕特安排其他交通方式回家。你暗自想："肯定有一种更适合帕特回家的方式。"你知道自己和李之间的友谊很坚固，所以你觉得自己应该去跟李谈一谈。你感觉这件事里有着严重的错误，所以决定通过与李交谈来解决你的"烦扰差异"。（我们故意在这里使用了中性名字，这样你可以自己去设定所有人的性别。）

让我们想象一下这场谈话可能的走向。假设杰米注意到她和李两个人单独处于教工食堂中。她和李在今天午饭前都有一段空闲时间，而因为要排练话剧，杰米在每晚放学后都没有空，所以她觉得现在是一个谈话的好机会。

杰米：（拿了把凳子放在李旁边）嗨，孩子！我能跟你说两句话吗？

李：（抬起头来，手里拿着一支笔，面前放着几篇作文和翻开的教材）嗨，杰米！当然可以。我这几天都没和人好好说话。排练戏剧把我的时间都占满了。要不是现在有空，我都没办法准备下午的课了。

杰米：你工作太努力了。

李：（一边看作文和课本一边说）是啊，但是我真的很享受这一切。一切都很棒。

杰米：实际上，我就是想和你谈谈那个戏剧。

李：（依旧没有专心）嗯哼。

杰米：我注意到你每晚都带帕特回家。

李：那可是个好孩子，现在真正敞开心扉了。你注意到那孩子的前后变化了吗？

杰米：对于别人怎么看这件事，你就一点都不担心吗？

李：（第一次完全专注地转向杰米）什么？不……我应该
担心吗？

杰米：好吧，你知道的，孩子。人们在这种事上是很不可
理喻的。有些人可能会产生错误的想法。

李：（愤怒）有人说什么闲话了吗？！

杰米：人们在议论。你知道的，学校嘛，就像一个小城镇
一样。

李：听着，杰米，那孩子只是需要有人捎一程。如果我
不送帕特回家，这孩子根本就不能参加话剧。帕特
家里只有妈妈，还忙得不可开交。人们应该把心思
放在自己身上才对。

杰米：是的，但是……或者你可以看看能不能让别人送帕
特回家？只是个建议。这是你在这儿工作的第一年，
我不想看到任何难堪的事情发生。

李：是……好吧……谢谢。

杰米离开了，对于能有机会教导年轻教师并帮助他们避开雷
区而感到很高兴。李继续备课，但开始怀疑，如果她必须花时间
去思考别人是如何看待她所做的事的话，那自己是否还要继续做
一个老师。

杰米的意图是建构性的。但有趣的是，尽管她是在提问
（"对于别人怎么看这件事，你就一点都不担心吗""……或者你
可以看看能不能让别人送帕特回家"），但她不是在试图了解什么

事。她进行对话绝不是为了深入了解自己的信念或行为的意义。也许她会试图了解更多李的想法，但即便如此，这可能也是为了让她更好地进行说教。

我们并不是说杰米没有任何可以传授的重要经验。李可能确实处于危险之中，而杰米说的事正是李现在需要知道的。然而，大多数新入职的教师还不到五年就离开了这一职业岗位，如果能让李这样有前途的年轻教师采取另一种方式学习这些教训，而不会让他们日渐远离这个职业，效果可能会更好。

经验丰富的老教师或许也需要改变，这样才能让更有前途的年轻教师留下来，或是让组织和职场的工作方式发生改变。杰米可能有很重要的经验可以传授给李，但李也有可以教给杰米的东西。解构性冲突的语言并不是说每一个"烦扰差异"都是相互学习的机会。但可以表明，除非能够使用解构性冲突这种语言，否则任何"烦扰差异"都不会给人互相学习的机会。

□ 你是李

杰米创造的语言几乎没有给我们任何机会去了解李的想法。现在让我们看一看李会怎么想。

你是李，一个年轻的、充满活力的戏剧老师，在爱默生高中工作，全心全意地对待你的学生，有些理想主义，而且效率很高。很多学生都非常喜欢你。

在过去的几周里，你一直在导演一部冬季话剧，这部话剧要求很高，也很精彩，每天放学后你都要一直排练到晚上 7 点。课后的额外排练对学生和家长都是一种负担，家长必须要来学校接学生回家。

由于你正好和一个参演话剧的学生住得很近，你曾经在某个晚上把这个学生捎回了家。而现在，虽然没有正式约定，但你这几周来几乎每晚都送这个学生回家。

你确实不介意。帕特这个学生，虽然有些令人头疼，但是个非常有吸引力的年轻人。帕特一直不开心，也不能很好地融入学校。尽管其他老师也尝试过，但是没人能成功地帮帕特真正融入学校生活。

事情到目前为止都是如此。但是，帕特在参与排练这部戏剧的过程中，真的逐渐从一种孤僻的状态中走出来了。帕特认真又可靠，并开始与一些同龄人融洽地交流，其他人也开始欣赏帕特所做的贡献。你发现，某次在开车回家的路上，在这样一个非正式场合中，帕特似乎敞开了心扉，与你交谈的风格完全不同于别人见过的帕特。

你很清楚自己不是一个心理医生，而且这些谈话没有超出你能掌控的深度。此外，尽管这需要你额外付出一些时间与精力，但你内心十分清楚，与一个充满关怀的老师建立起亲密关系会对青少年产生至关重要的影响，因为你在青少年时期就有过这样的经历，而那段经历成了你的救命稻草。

总的来说，虽然这些天来你有些疲惫，但你对戏剧的进展和自己为帕特所做的工作都感到十分欣慰。当你看到生活中的这一切时，你心想：“这就是我想做一个老师的原因啊！”

□ 杰米与李的角色扮演

虽然杰米和李的处境并不是在现实中出现的，但我们已经邀请了上百名教师试着进行角色扮演，从杰米“烦扰差异”的经历中产生一段"相互学习的对话"。我们给一个老师"你是杰米"的故事片段（或者我们让一个团队集体扮演杰米），然后给另一个老师（或者团队的另一半人）"你是李"的片段（故意模糊了故事中的性别，因为李是男是女和情境体验没有多大关系）。

就算我们给杰米的扮演者一份表 7-4 的副本，描述了建构性语言和解构性语言之间的区别，杰米创建的对话也依然存在许多刚刚那段教工食堂中对话的特征。事实证明，要建立起解构性语言真的很难。但做任何事都是这样，人们实践得越多，参与实践的人越多，对这种语言产生直接体验的人越多，那么这种语言就越容易在未来的情景中实现。

杰米在教工食堂一心希望帮助李，这让我们可以确定，她在对话中有几个问题，而且这些问题在角色扮演中也常常出现。

第一，杰米关于"烦扰差异"感受的谈话是在合适的时间与地点进行的吗？关于这一点，杰米从来没有征得过李真正的同意。（在现实中，"烦扰差异"（disturbed difference）经常被速记为"问题"（snagged），比如："你这个星期有时间和我谈谈咱们俩之间的问题吗？"）事实上，李基本在表达，她现在的空闲时间是非常宝贵而稀缺的，她需要利用这段时间进行下午的备课。

第二，杰米从未真正表明过她的反对观点。她问，"你就一点都不担心吗"，她说"人们在议论"（又不明确表达她是否真的听到过什么传言）。她暗示了自己的立场，但从未明确宣称它，承认它，并为它承担起责任。

第三，她从未真正引出李的意见。这段对话并不能让我们了解李对目前情况的看法。"你是李"这段话说明在李的选择背后有充分的理由，而在教工食堂的对话中，这些理由通通没有出现。由于杰米和李的观点都不明确，她们俩谁都看不到两人之间真正的差异，只有她们自己的体会。谈话使她们陷入主观差异之中，她们无法把差异当作客观的关注对象。

□ 试着让冲突消失从而理解冲突

如果人们觉得和某人之间有矛盾，想解决这一问题，那么他们通常会进行说教以尽可能避免发生冲突（就像杰米试图去做的那样）。这很讽刺，人们对冲突的处理常常是屏蔽冲突而又引发冲突。

即使人们尝试着不再去说教而是去构建互相学习的对话，在角色扮演的过程中，我们依然发现（通常伴随着集体的笑声和幽默的氛围），人们坚信自己是对的，或者希望能够找到开启他人心扉的钥匙，让自己改变别人的行为，让他们遵循自己的设计。

人们不应期望自己立刻就能解构冲突，也不应该觉得他们必须进入这样的现实情景。对于追求并设计这种对话空间的精神，我们深表赞赏。即便是最好的设计师，在看到自己的最新作品时，也能看到他想在下一个项目中改进的设计缺陷。如果双方事先达成协议，他们将试图创造一种解决两人之间矛盾的解构性方法，他们在对话中分析对它的设计。当经历"烦扰差异"时，学习（而不是仅仅是说教）的意图是塑造新语言的第一步，也是最重要的一步，双方都可以选择使用这种语言。

有些人可能还没弄懂这项新设计，因此我们将这些抽象的想法与用于解构性对话的棒球模型融合。"棒球"这个比喻同时包含了几个元素，并暗含了一系列人们可能会认为有用的、值得思考的因素。

□ 解构性对话的棒球模型

　　想象一下，如果把一个处在冲突中的人当作要跑回本垒的击球手，这个人已经意识到了自己身处冲突，那么他的第一想法一定是要在上场之前，在击球区做好必要的准备。如图 9-1 所示，我们认为有三种热身练习很有帮助。在某些情况下，这些练习可以疏导人们，冲突也就因此消失了。但更常见的是，热身练习让人们占据了更有利的位置，可以在棒球场的垒间快速运动。人们会为自己做了这样的练习而感到高兴，而与他们一起锻炼使用解构性方法的同伴也会为此感到高兴。

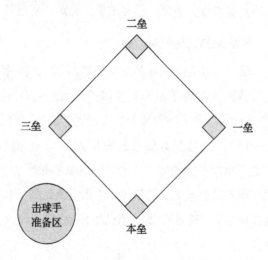

三个回顾：

- 在你的有利位置上
- 在你对冲突的看法上
- 在你对其他人的看法上

图 9-1　解构性冲突的棒球示意图

这三个热身练习包括从你自己的有利位置、对冲突的看法和对他人的看法三方面进行回顾。正如人们在上垒之前都要做几次深呼吸一样，这三个练习让你在理解冲突前，先进行一套解构性的深呼吸或有目的的停顿。

通过参与这些练习，你还能更深入地评估它们的益处。想想你现在或是最近与某人发生冲突的情景。

每个练习都是解构性的，它使人意识到，你太仓促地形成了关键信息，所以根本不会去批判性地探究冲突。你把自己掌握的信息当作不言而喻的真相。无论你在谈话中有多开放，开放性都不会延伸到这些真相的构建（因此它们其实也是可以被"分解"的）本质上。结果是，如果你根本没有意识到这一点，那谈话的性质其实在很大程度上已经被事先确定，而且很难再更改了。

■ 从你的有利位置回顾

第一个练习（从你的有利位置回顾）提醒你，通常来说，人们看待他人的视角是非常受限的。虽然人们一直敦促自己，要"把自己放在别人的位置上"，但其实人们经常曲解这个练习，把它变成了"站在别人位置上的人是我"。换句话说，如果不能确定别人和你的想法完全一致，那么就别把带着自我想法的"我"放在别人的位置上。就像美国印第安人说的，如果你穿着别人的鹿皮鞋走了1英里⊖，那么就代表你替别人走了1英里，而不是你自己。

因此，第一个练习并不单是要求你去思考冲突双方对某些情境中的事是否感受一致。它是在要求你去想象或思考，另一个人

⊖　1英里≈1.61千米。

可能正在经历什么。尤其是,它要求你看看能否构建出他人的体验,这不同于构建你自己的体验。你不能把自己放在另一个人的位置上,而是要把自己想象成另外一个人,然后再进行换位思考。如果你想尝试做一下这些练习,在继续之前,你可以先把一张纸做成表 9-1 中笔记 5 的样子,并记下对这三个问题的思考。

当然,你不知道自己能否准确猜到对方的有利位置。热身练习的目的不是让你跑回本垒,而是增加成功的机会。为了创造这样的机会,你需要认清自己的观念,而不能受其束缚。

表 9-1　笔记 5

(1)从你的有利位置回顾:
(2)从你对冲突的看法回顾:
(3)从你对他人的看法回顾:

■ 从你对冲突的看法回顾

第二个练习要让你思考,自己构建对冲突的解释时是不是往往都是无意识的。支撑这个解释的数据是你的体验,虽然这个数据是自己虚构的，可能不太客观（数据的字面意义）。你坚信的事实可能是错的。即使你的事实得到验证，同一事实也有多种解释方法。镇上有 40% 的孩子没有高中毕业，这是个确凿的事实。某人可能认为这个事实非常糟糕，而对你来说（你看到的是，几十年以来这个数字一直在 50% 以上，现在下降了；或者你相信，如果这 40% 不应该在学校上学的学生离开学校，剩下 60% 的学生会得到更好的教育），同样的确凿事实，却可以导致相当大的解释差异。

因此，在第二个热身练习中（或许你会想做这个练习，并把它添加到笔记 5 的结构中），你要记下两个答案：

（1）你所解释的事实究竟是怎样的，你的解释有没有对现实进行任何扭曲？

（2）你非常尊重的第三方（因此你不会很快驳斥他）是如何对冲突的事实进行解释的，又与你的解释有什么不同？

再说一次，你不知道自己的事实其实是虚构的，也不知道自己的解释不如你所尊重的第三方的解释。你只是在帮助自己建立起和冲突局势的解构性关系。

■ 从你对他人的看法回顾

第三个热身练习提醒你，你大部分的冲突都是针对和你打过交道的人的。由于人们是自动的意义构建者，一般来说，和另一个人之前有过交往，必然意味着你已经构建了对他的先验解释（或看法）。你在目前这个冲突上的体会（包括你对其他更多人的感受），在多大程度上已经被你对他人预先构建的看法限定了呢？

要迅速进行第三个练习（在笔记 5 中，你可能还想记下这一点），你就要问问自己："如果有其他人（包括我喜爱或尊重的人）做了和这个人一样的事，我会有什么不同的感觉吗？怎么会这样？"探索这些问题会很好地帮助你辨别出，对他人的默认看法在多大程度上左右了你对目前冲突的认识。默认模式是自动的，但它们也是被你构建的。它们可以被改变。

有时，热身练习就能让冲突消失。然而这并不是它们的主要意图。它们的主要意图和生理的热身运动一样，是为了让你放松。在现在的情景里，不是为了放松你的肌肉，而是为了放松你对意义的创造。创造意义已经从流动、持续的过程走到识别最终的产品，也就是被创造出来的意义。如果能让这一切放松一点，那么你就更有可能成功地达成最终目标。

那么，对于深化运用矛盾的解构性语言，我们的建议是什么呢？如同棒球模型所展示的，你需要记住四个分离步骤（或者说是"垒"）。和我们一起在垒间穿梭，有助于阐明解构性语言和破坏性或建构性语言的目标有多么不同。你在寻求怎样的方法解决分歧？在用解构性方法面对冲突时，达到怎样的效果才意味着成功呢？

为了澄清我们的基本思路，请看看一个在工作中发生冲突的实例，以及为此建立的解构性语言。

□ 雷吉的故事

雷吉领导的团队包含五名教师，他们共同负责临床心理学博士项目的一年级必修课程。学校的院长很满意这个项目的课程与教学质量。雷吉和她的教师团队对一种更以学生为导向的学习方法很感兴趣，这种方法被称作"问题基础型学习"。这种学习方法通过建立在现实问题上的案例来传授理论概念，通过几节课的学习，学生必须进行独立阅读，然后相互传授解决问题的方法，最终解决这个现实问题。

雷吉的团队花了几个月时间在医学院中观察这种方法，他们想把这种方法引入临床心理学项目中。他们搜索了网络和其他参考文献，并得出结论：目前还没有人开发出一套能够实现他们课程目标的问题案例教材。于是，他们逐渐意识到，在现实中启用这个项目需要耗费大量的额外时间与创新精力。

他们愉快而积极地承担起研究这种方法的额外工作，用新方法中的新颖教学技能训练自己，共同为试点案例撰写资料，并且在一个实验班试讲来了解它的成效。进行这些准备工作让他们对这一项目更加充满热情了，但他们也意识到，如果院长不为此额外投入一些资源，他们是不可能实现目标的。

一开始，在关于改革的谈话中，院长表达了对这个团队项目的支持。当雷吉告诉他，团队已经准备好给他递交一份项目提案时，院长说他很欢迎。但在团队提交提案的几周后，雷吉听闻，院长不愿意提供任何额外资源来支持这个项目。院长鼓励雷吉和同事继续之前的工作，慢慢发展这个他曾表示过支持的项目，但不会为此提供任何额外资源。

雷吉和她的同事对院长的回复感到既失望又愤怒。

一个项目组成员说："他觉得我们就不用干别的事了吗？"另一个成员发出共鸣："他说过他支持这个项目，他想让学校走在前沿，但他又不愿意把钱花在刀刃上！"

■ 雷吉做准备

雷吉认为，目前的处境是还有余地的冲突局面，而不是已经无路可走的死局。她进入了击球手准备区，并开始做那三个热身练习。（我们不告诉你其中的细节，但我们假设这些练习让雷吉冷静了下来。关于院长是以何种方式理解这一切的，这些练习给了她一些预判，或者至少引起了她的好奇。同时，它们提醒她，她已经或多或少受到院长可能不会履行诺言这种想法的影响。这些练习显然不能化解她目前的困局，也不能使她与院长谈话的冲动消退。）

■ 雷吉通往本垒的道路

她问院长，是否可以就这个提案和院长的答复举行一次面对面的会议，院长同意了。他们共同商定了开会时间。以下是会议情况：

院长：我希望你们不会对我的回复感到太沮丧。我认为你和团队的工作非常棒，并且我希望你们能坚持下去。

雷吉：做到今天这个地步，我们做了很多工作，比如学习这种方法，观察在具体案例中它怎么发展，并且和学生一起完善它。学生们对此都很兴奋，我们也是。我们学到了很多。我们也发现如果真的打算明年就实施这个项目，还需要做更多的工作。我们需要您的帮助。

院长：我完全支持这个项目。我唯一的问题就是资金。你要求减少下学期的教学负担，或者发放暑期工资。这些我都做不到。

雷吉：嗯。我知道您很支持我们。我猜，您只是说，现在的预算跟不上是吗？

院长：我确实支持你们。但诚实地说，这不能跟预算挂钩。这是原则问题。你们团队提出的改进基础课程教学方法非常好。你已经教了基础课程好几年了，现在你在想该如何运用更有效的方法，让学生参与其中，达到目标。我喜欢这一点，非常喜欢。坦白说，这就是我期待一位优秀教师去做的，就像你一样。与其停滞不前，一直在舒适圈中做事，不如抓住机会去改变。这就是为什么我们学校这么好。但说句实话，我认为这就是你的工作。你在做自己的工作，并且做得很好。你和你的团队一样，都是资深教师，不应该像那些状态不稳定的新教师一样，你们应该已经对这些事务游刃有余了。我赞赏这种成长和变化。但我认为，我不应该提供额外的资源支持。我认为这是没必要的。

雷吉：嗯……好吧，这真是一种完全不同的思考方式……如果我听明白了您的意思，您应该是在说，您认为我们在做本职工作，而您觉得不应该给做本职工作的人提供额外的资金支持……？

（院长点了点头）

雷吉：而且，我能理解，您不希望每当其他老师要在教学大纲或类似的事情上做出改变时，就在您门口排成长队，向您寻求更多的资源支持……？

院长：没错！

雷吉: 好的,我明白了。我想问问您,就在咱们讨论的过程中,您是否还对我们的项目或者提案存在任何疑问。

院长: (想了想)没有,我觉得我们已经讨论了所有的问题。我说过我完全支持这个项目本身。我没有任何其他担忧。

雷吉: 好的,了解您的想法对我们很有帮助。我非常感谢您,但请问您,我们是否能继续考虑这个问题,然后再谈一次。

院长: 好吧,应该可以。但是……我不认为我们还能聊出其他更多结果了。

雷吉: 好的,那不如这么说,在下次见面之前,您是否希望我多考虑一些其他事情,比如我能做什么事,能有什么发现,或者进一步思考一下您想做什么。

院长: (思考)好吧,我的问题是,你知道的,如果明年没有暑期工资,也不能减少教学负担,那么还有没有别的方法可以让事情进行下去?我喜欢这个项目提案。有没有一些别的方法,可以让我帮上忙?

雷吉: 好的,太棒了。这是一个特别好的问题,我们团队会在我和您下次见面之前讨论这个问题。同时,我想请您在下次对话前,也能再稍微多考虑一下这件事。

院长: 好的。

雷吉: 我在思考您的担忧,这对我来说很有意义,我发现自己在思索,区分不同程度的改变是否也是有意义的。是不是有一些表面的改变可以被看成教师的职责，给予这一部分改变额外的资源支持是不合适的；重要的、更关乎体制改革本质的改变，可能比较需要学校给出额外的资源支持？不知道您是否愿意考虑一下这样的区分合不合理，然后决定一下我们的项目应该属于哪种类型，应该在哪里画出区分界线？

院长：嗯……好的，我愿意思考一下这件事。

雷吉：太好了。十分感谢您，我也很期待和您的下一次对话……

利用这段简短的对话，我们可以来阐述那四个不同的步骤，我们推荐使用这些步骤继续深化解构性冲突的语言。一个野心勃勃并想要终结冲突的人可能想要像棒球手一样跑到本垒，打出一个全垒打，用这精彩的一击获得冲突的解决方案，但我们建议采取一种不那么引人注目的方法，在棒球比赛中一垒一垒逐步进攻，即你分别给各垒一个期限，在那里长时间地停留一会儿，以确保每个垒上的小协议或解决方法都能指引你回归本垒（见图 9-2）。

■ 第一步：他人同意你可以"进来"

我们把一垒称为"进来前要敲门"（knock before entering，KB4E）。这个步骤做起来很简单，但经常被人忽略。它告诉你，没有人喜欢被打扰、惊吓或者突然被吓一跳。我们不建议在未经通知或不受欢迎的情况下，就让解构性语言进入别人的私人空间。在双方都同意的时间和地点，以共同决心，达成解决冲突的协议，这样你就到达了一垒。和杰米在教工食堂截住李不同，在雷吉在和院长开始谈话前，院长就知道谈话的目的，他同意进行对话，并为之空出了时间，约好了地点。雷吉进来前敲了门。

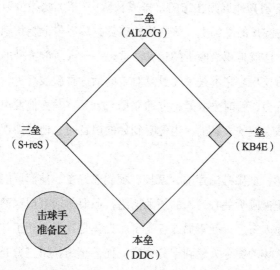

图 9-2 在四垒周围移动的四个目标

▇ 第二步：他人同意你来了解

二垒被我们称为"积极倾听，阐明分歧"（active listening to clarify the gap，AL2CG）。这一步就困难得多了，同时也是违反直觉的一个步骤。它的目的是清楚甚至是显著地说出双方之间存在多么巨大的差异。不同于杰米努力掩盖她与李之间的立场差异（当然，这种努力完全可以理解），雷吉只有清楚地了解院长与她的相对立场，才能在谈话中和院长一起寻求解决方案。

你知道，对方在表达愤怒或显示出"有耐心"的句子开头叫你的名字（"但是，鲍勃……"），是为了让你更好地了解他的看法、经历或者困境。当他们不再这样做的时候，你就成功到达了二垒。请注意，雷吉不仅仅重申了院长的立场，她还确实站在了院长的立场上。雷吉的表述甚至比院长自己表达得更为明确，（"您不希望其他老师在您门口排成长队……"）她积极地尽她所能，站在院长的立场上，体会他的感觉，然后告诉院长她想象中的感受。这就是积极倾听的意义。这是一个人所能提升的最有价值的对话技巧。它不是单纯重复对方的话这种肤浅行为，而是一种共情行为，暂时采取另一方的立场与意义，并为他发声，让他知道你站在他的立场上。当他听到你的声音时，他就知道你理解他了。

当然，如果是治疗师、家长、配偶或好友，他们可能能以这种方式积极倾听关心的人的烦乱情绪，但要普通人把这种支持延伸到其他人身上，就不那么容易了。尤其是这个人还正与你发生冲突，这场冲突令人感到十分烦恼，你甚至想让第三方介入相关的谈话。为什么要支持一个你不赞同的观点？采取了与你相反的立场，那你岂不是在赋予它更大的合理性吗？（对方会说："你既然这么理解这一点，那这一定是不言而喻的事实了。"）

实际上，积极倾听并不是为了支持对方的立场。它是在支持语言空间，以便让解构性对话发生。它的目的是给持有相反观点的人创造语言空间，而不是让所有人都觉得必须坚持自己的观点。"积极倾听，阐明分歧"，二垒起到的作用是让双方觉得他们互相隔得很远。这一步好像有些反常，人们不是朝着达成一致目标迈进，而是在远离。

但是，仔细看一眼棒球场的菱形示意图：当棒球手从一垒跑到二垒，他实际上是在远离本垒；站在二垒上时，他与本垒的距离比其他几垒都更远。然而，想要得分，所有人都要越过二垒。记住：我们的假设是，人们或许可以从争执双方的谈话中获得解决方案，然而面对冲突的解构性方法确实违背了这个熟悉的假设。

■ 第三步：他人同意继续

我们把三垒称作"搜索和重复搜索"（searching and researching，简写为 S+reS）。它始于一个十分简单的问句，形成一个请求，任何理性的人都很难拒绝："我们能对这个问题继续进行思考吗？"潜藏在这个问题之下的，就是你在三垒寻找的小而独特的解决方案。再说一次，你在此并不寻求任何宏大（完全终结冲突）的解决方案。立即终结冲突并不是你的目的。事实上，我们希望冲突能持续足够长的时间，从而成为你在学习中搭乘的一辆"车"。正是为了坐上这辆车，你才在四垒间穿梭。一旦造好了车，你就能够把学习有价值的东西当作目的地，乘坐它朝目标前进。"进来前要敲门"和"积极倾听，阐明分歧"引导你进一步思考分歧，把冲突转化为争论思想。冲突依旧存在，却是有意义的。

雷吉和院长不只是含糊地同意他们要进一步深思相关事务。他们还给彼此分配了具体的任务，并且都接受了这些任务。当院长不能提供财政资源支持的时候，他还能提供其他什么切实的支持吗？是否存在这样一种情况：渴望达到的改变规模超过了教师的职责范围？尽管这些问题似乎很明显都存在肯定答案，但在这场争端中，任何一方或双方朝着肯定答案方向所做的最轻微行动，都是对双方各自珍视的真相的解构。

■ 回到本垒：冲突变成了研讨会

那么，在我们的类比中，什么是本垒呢？在这里得分、完成目标又需要做什么呢？在建造好解构性语言的交通工具后，本垒需要让这辆车真的开动起来。本垒是未来对话的发生地，那些对话会让对方知道你所了解的一切，并涉及更多的相互请求，以便进一步思考新出现的事务或问题。在本垒，冲突变成了研讨会。研讨会（seminar）的词根是"semina"，即拉丁语中的"种子"一词。解构性语言追求的是将冲突转化为让个人和组织学习成长的环境。

这些持续进行的、互相交叉的研讨会将产生什么结果？这是不确定的。雷吉在学校里的新课程有可能会创立，也可能不会。李可能不会再在排练后送学生回家，也可能一如既往。总会有些看得见的转变发生。解构性冲突的语言创造了更多机会，让所有行动上的转变，都出自人们思想上的改变，哪怕这种改变微乎其微。

通往改变的高速路：
超越信息时代的局限

在第一部分和第二部分里，关于变革性学习和领导，我们邀请你体验了7种不同形式的内部和人际的语言形式。在第三部分中，针对这些语言方式，我们提供了详细的案例材料和示例，阐明了在个人学习和组织变革层面上继续深化这项工作的多种方法。在本书的结语中，我们想说明一下，该如何利用这种新学习技术的规律和功能，最大化地解决令人烦恼的问题。

在过去的15年里，我们有幸成为许多职业人士的倾诉对象。开始时，我们主要与教师、学校管理者、治疗师和神职人员合作。如今，我们依然很荣幸能与这类团队共同工作。现在，医生、华尔街专家、法官、管理顾问、学校院长和企业高管也在与我们共事。广泛接触职业团体深层次的内心生活后，我们感到非常震惊：由于信息时代无意间使领导力和学习的概念受到限制，在医学、管理和教育这样的环境中，领导者经常面临相似的重大问题。

　　能够与如此多的相互间没有交集的职业团体合作是个非常难得的机会。我们认为，大多数从事这些职业的人并不知道，在其他不同领域中辛勤工作的人和他们一样，都在相同的问题上挣扎，这个问题被我们称作"令人发狂的信息匮乏"。

　　想象一下，你是一个勤勉的、有仁心的医生，此时此刻正在从业。历史上从未像现如今这个时代一样，对人体的了解如此之深，从业者有如此大的能力去汲取相关知识。过去没有现在这样的医疗技术，达不到如此复杂、精准的制药水平。医生和病人的关系能在治疗中起到至关重要的作用，这一点在过去也没人知道。如今在很多方面，医生对于症状和疗法的认识远比过去深刻得多。

　　然而，如果你跟随很多医生走进他们的工作，他们会让你看到一个痛苦不断的、令人感到沮丧甚至绝望的现实：病人在治疗中普遍不愿服从。正确诊断疾病能力的提高、开具合适的处方和善解人意地与患者沟通，这些对于医疗保健中的薄弱环节起不到任何作用：许多患者不会改变引发疾病的行为，也不会服用治愈他们不适的药物。想象一下医生的挫败感吧，他努力掌握所有必需的知识，学识渊博，他掌握的知识本应该起到重要作用，然后他发现了这些知识的不足之处。

　　从我们的思维方式看，这位医生遇到了在医学院中从未讲授过的"免疫系统"。通过阅读本书，你现在对这个"免疫系统"已经非常熟悉了。在学习新技术的过程中，你很可能还发现了一把解锁它能量的钥匙。尽管科学与医学学科已经取得了巨大的进步，但在医学领域中，是否还需要一种新的学习和领导方式？

　　想象一下，假如你是一名管理顾问或商务分析师。你和你的团队经常参与组织运行和结构的评估，诊断当前安排中的不足，并提出新的策略和选择，以帮助企业更好地实现它们的愿景，或者重新对它们的目标进行定位。

可能从来没有一个商业计划能像基因组计划一样周密，但就其本身而言，管理专家在研究组织及其实践方面不断推动相关领域发展的能力是卓尔不群的。由于新技术和更精巧的软件出现，现在人们可以对大量数据进行排列、分类和快速重组。社会科学的研究和理论大大提高了分析师对团体和个人动态变化的分析能力。

成功的管理咨询公司经常在极短的环境浸入式体验过后，就能非常出色地捕捉到一个组织或部门的复杂图景。生活在这些组织中的人，经常对咨询顾问的分析感到钦佩。咨询顾问在客户的参与下所提出的建议、意见、大胆的新举措和策略，在很多情况下都受到热情的赞赏，而且客户会真诚地承诺，他们会沿着这条新路线发展。企业组织经常会为我们这样的顾问支付巨额咨询费用，同时它们也知道自己收获的东西物有所值。

这就是当我们说很多顾问会对某些事感到烦恼或不快时，人们往往都不相信的原因。毕竟，客户们认为顾问都可以得到高昂的报酬与真心的感谢。

但是，同样地，如果你跟许多思想深刻、尽职尽责的顾问深入交谈过，你就会惊讶地发现，他们经常感到忧心忡忡，因为不知道到底应该了解什么信息，甚至不知道企业负责人最想知道什么：当顾问对你敞开心扉，他们就会告诉你，即使客户高效地参与了整个进程，但顾问所提出的很大一部分良好建议都不会被采纳。客户对这些计划喜闻乐见，为顾问的工作付钱，认可它就是公司应该去做的事。接下来，什么改变都不会发生。

　　这有没有可能是因为，即使清楚组织为了成功所应该做的一切，但其中缺少了一个环节，就是我们不能充分了解该如何去诊断并打破那个阻碍组织进行改变的"免疫系统"？顾问是否需要在组织中支持一种新的领导方式，从而让客户能真正利用上他们的良好建议？咨询公司本身是否需要一种新的领导方式来实施必要变革，从而给其工作打开新的方向？

　　想象一下你是一个初中老师、一名校长，或是一位督导。你发现自己职业的重要性大大提升，已经从国家的倒数行业之列一举提升到了报纸头版和政治家竞选演讲中开头的位置。按照要求，你和学校必须要让每个孩子都茁壮健康成长。你知道学校不能将每一件事都做到无懈可击，但至少它可以比现在做得更多。你知道，只有当学校中的孩子意识到他们自己处于持续的、强大的学习关系和学习体验中，环境才能得到真正的改善。

　　然而，正如我们在哈佛大学的一位杰出同事经常所说的那样："为了给我们的孩子提供绝佳的学习机会所需要知道的事，我们已经知道其中的 95% 了。"我们已经见多识广了，但还远远不够。

　　对于要怎样才能使学校更高效地运行，我们已经有了很多了解。我们要求教师重建自己的角色，从知识的分配者和教官转型为学习教练、学习社区的主持人，以及学生驱动型学习的设计创造者。许多教师没有真正做出这些变革，而学校内外的人都认为这是因为他们没有真正承诺去做出改变。但是，如果教师确实深刻而真诚地承诺去改变（在他们的"第一列"中），却还是没有做出这些改变，又该怎么办呢？

我们要求学校领导成为教研组组长把大部分精力从技术、商业和政治管理方面转移到关键活动上来，这种活动正是学校的生命之源，即学习：学生的学习、教师的学习、管理者的学习。如果许多学校领导既了解改变的重要性与价值，又承诺要去改变，却还是没有真正的改变发生，那又怎么办呢？

现在，讽刺的是，这三个问题领域、这三个截然不同的世界——医学、管理和教育创造出了更多的知识，这是 21 世纪的胜利，但并不能让人们更接近问题的解决方案。更好的医疗健康、更好地运营企业与学校——这些都是令人钦佩的第一列承诺。就像所有第一列承诺一样，它们命名了一个我们想要带到人间的天堂。

21 世纪（信息时代）的遗产，是围绕着第一列承诺积累建立起的非凡知识库。人们现在拥有的知识相比起 100 年前，无论在哪一方面（比如人体系统的工作、复杂的社会组织与学习 - 教学型企业）都更令人赞叹。但不可否认的是，在进入新世纪时，对于人们保持健康的能力，或者对于人们是否能够按照要求与期望重建组织或学校，我们还存在着担忧。

尽管我们取得了非凡的成就，但在面对问题的焦虑之中，我们很自然就会走上相同的老路，甚至比过去有过之而无不及。我们对自己说："如果我们不仅能建造一条信息高速公路，而且能建造一条信息超高速公路……"政治家们曾经保证"每户人家的锅里都有鸡"，现在他们的保证是"每间教室里都有电脑"——此刻，就像曾经一样，这个承诺引起一阵热烈的掌声，人们仿佛已经看到了救世之光。但是，如果人们只是在重复过去，不断努力让自己重复过去呢？如果新世纪必须做出一些不同的事情，而不只依靠着信息时代的动能惯性滑行呢？

　　长期吸烟者知道自己在慢性自杀，他可能确实真诚地承诺保持健康，但他在做第二列所示的不良行为。那么对肺癌病因更深入的研究对他又有什么用呢？首席执行官知道，如果他继续把新型经济当成很快就会消失的异象，那么他曾经辉煌的公司很快就会成为明日黄花。可就算拥有更先进的预测模型，他真诚的第一列承诺又能如何适应企业发展呢？校长可能确实承诺要钻研教学，但第二列的行为让他从未走入教师的课堂。那么，那些针对以学生为导向的教学益处、教师专业性的提高或是校长时间分配不当的新研究，就能帮他从分散注意力的事务中解脱出来吗？

　　在人类文明史上，现代人是最见多识广，也是最不会思考的一代人。人们已经有了 24 小时不间断的新闻报道、网络报纸，关于公民活动日常进程的信息连续不断，人在家中，也可以获知千里外的信息。消息灵通的人未必都接受过良好的教育。"信息"（in-*form*-ation）提高了知识"形式上"（the form）的储量；"教育"（e-*duc*-ation）则"引导人们脱离"（lead us out of）形式本身。[⊖]

　　21 世纪是否需要一种新的学习方式和领导方式，从而引导人们脱离形式？也许新时代的重点不仅仅在于积累更多的知识，还在于建立人们与已有知识的关系。也许人们将学会不仅仅要欢迎与思考把天堂带入人间的承诺，更要理解对抗性承诺，这样才能让地狱远离人间。（吸烟者的第三列承诺和大假设是什么？埋头苦干的首席执行官的呢？校长的呢？是要待在他的办公室

　　⊖　词根"duc"的含义为"引导"。作者借此说明"信息"与"教育"的
　　　　区别。——译者注

里，远离实际课堂吗？）也许人们将学会把大假设转移到自己能驾驭它的地方，而不是让它停留在人们更熟悉的、被它所束缚的地方。

也许人们需要一类领导者，他们能启动学习进程，同时也能诊断和停止现存的阻碍学习与改变的进程，即那个在所有个体和组织中持续活跃的"免疫系统"。也许你在本书中收获了一些东西，依靠这些收获，你不仅可以开始建设一条信息的高速路，更可以建设一条通往改变的高速路。

致　谢

　　我们由衷地感谢本书相应学习型课程的上千名参与者，特别是那些无私地向我们讲述了他们经历的人。在他们的启发下，本书才得以问世。感谢我们的家人给予的爱与支持。感谢我们的同事，是他们对本书初稿内容的深入思考和反馈使这一作品变得更好。

　　艾米丽·索韦恩·米汉对本书第8章内容做出了卓越贡献。除此之外，"免疫系统"这一比喻的提出应归功于迈克尔·荣格，是他使我们的论述更具有说服力。我们要感谢凯伦·曼宁和乔埃尔·佩尔蒂埃对原稿成型所进行的积极准备。最后，要感谢我们的编辑艾伦·林兹勒，他为我们付出了极大的耐心，并提出了明智的建议。

译者后记

自我改变和组织变革的话题似乎总能让人踌躇满志、热血沸腾。然而，作为发展心理学家，本书作者提出了一个发人深思的问题：为何人们空有诚挚的改变之心，却总是难以取得切实的变革成效？作者逐步揭示了一个针对改变的"免疫系统"，它根植于我们每个人的内心，阻碍了一切重大变革的发生。

好在，面对这样的困境，我们并非束手无策。本书作者将从谈话语言入手，带领每位读者逐步制作一剂打破自己"免疫系统"的个性化良药，把所有转变的微小可能引入思维和认知深处，从而让行为从根源开始，产生一系列真正的变化。在进行翻译的同时，我们将本书介绍的方法应用于实际生活和工作中，收获颇多。或许，我们每个人都曾深受力求改变却徒劳无功之苦，那么，从现在开始阅读本书正当其时。

在本书的翻译过程中，赫晓涵、王梓西、梁寒英、孙菲菲在译文校对和语句修改方面做了大量工作，我表示衷心的感谢！作为心理学的爱好者与研究者，我们致力于将凯根与莱希多年以来在发展心理学领域的研究成果忠实展现，让改变与学习的高效方

法落地于每个人的工作和生活中。然而，考虑到作者的学术背景
与独特的语言风格，要将本书全面而细致地翻译、传达给中文读
者，对我们而言实在是一个不小的挑战。鉴于此，译文难免存在
不少疏漏之处，还望读者不吝指正。